生态环境实验室安全技术与管理

习 题 集

胡春明　王一喆　沈 忱　陈丽红　刘 颖　何连生　主编

中国环境出版集团 · 北京

图书在版编目（CIP）数据

生态环境实验室安全技术与管理习题集/胡春明等主编.
—北京：中国环境出版集团，2022.11
ISBN 978-7-5111-5323-4

Ⅰ. ①生… Ⅱ. ①胡… Ⅲ. ①环境科学—实验室管理—
安全管理—习题集 Ⅳ. ①X-33

中国版本图书馆 CIP 数据核字（2022）第 166799 号

出 版 人 武德凯
责任编辑 赵 艳
封面设计 岳 帅

出版发行 中国环境出版集团
（100062 北京市东城区广渠门内大街 16 号）
网 址：http://www.cesp.com.cn
电子邮箱：bjgl@cesp.com.cn
联系电话：010-67112765（编辑管理部）
发行热线：010-67125803，010-67113405（传真）
印 刷 北京市联华印刷厂
经 销 各地新华书店
版 次 2022 年 11 月第 1 版
印 次 2022 年 11 月第 1 次印刷
开 本 787×1092 1/16
印 张 10.25
字 数 223 千字
定 价 68.00 元

《生态环境实验室安全技术与管理习题集》

编 委 会

主　编：

胡春明　王一喆　沈　忱　陈丽红

刘　颖　何连生

编　委：

张亚辉　杨霓云　王宏亮　张敬巧

丁文文　杜士林　董淮晋　杨　文

刘盈盈　殷宝辉　王　静　王素兰

前 言

中国环境科学研究院（以下简称环科院）高度重视实验室建设和管理。多年来，瞄准实验室“科学化、规范化、精细化、专业化”这个目标，环科院逐渐探索出实验室全生命周期安全运行体制机制，实现对实验室的全过程、全要素、全方位的管理和控制。经过40多年的探索和积淀，形成实验室管理三级制度体系，涵盖实验室建设、安全管理、仪器管理、危险化学品和危险废物管理、应急管理等各个方面。特别是具有双平台（中韩环境合作的实验平台、生态环境部系统开放共享实验平台）作用的中韩联合实验中心的建成，极大推进了实验室管理体制机制的进一步健全和完善。

在实验室安全管理方面，环科院采用了三个合格（安全评估合格、安全知识考核合格、现场培训合格）方可开展实验的准入制度，极大保障了实验室安全。为方便广大实验人员更好地了解和掌握实验室安全知识，本书编写组结合环科院实验室安全管理工作实际，同时参考其他单位的书籍和资料，编写了《生态环境实验室安全技术与管理习题集》，致力于为生态环境领域实验室管理人员、学生及其他相关人员提供参考。

本书第一章、第七章和第八章由王一喆、何连生编写，第二章、第五章和第十章由胡春明、刘颖编写，第三章和第九章由陈丽红、刘颖编写，第四章和第六章由沈忱、何连生编写。张亚辉、杨霓云、王宏亮、张敬巧、丁文文、杜士林、董淮晋、杨文、刘盈盈、殷宝辉、王静、王素兰等在本书的编写和修改中提供了宝贵意见。

本书的出版得到了中国环境科学研究院领导的大力支持和各单位各部门的热心帮助，我们深表感谢。在本书编写过程中，参阅了大量实验室管理方面的书籍和资料，并从中借鉴了很多有益的内容，在此一并感谢。

由于编者水平有限，书中难免存在疏漏之处，敬请同行专家、广大读者批评指正。

编　者

2022 年 4 月

目　录

第一章　安全基础知识 …… 1
　一、单选题 …… 1
　二、多选题 …… 7
　三、判断题 …… 12
　参考答案 …… 17

第二章　实验室消防安全 …… 19
　一、单选题 …… 19
　二、多选题 …… 26
　三、判断题 …… 33
　参考答案 …… 37

第三章　实验室电气安全 …… 40
　一、单选题 …… 40
　二、多选题 …… 45
　三、判断题 …… 48
　参考答案 …… 51

第四章　实验室仪器设备安全 …… 53
　一、单选题 …… 53
　二、多选题 …… 57
　三、判断题 …… 60
　参考答案 …… 64

第五章　实验室气瓶安全 …… 67
　一、单选题 …… 67

二、多选题 69
三、判断题 73
参考答案 76

第六章 危险化学品安全 78
一、单选题 78
二、多选题 85
三、判断题 88
参考答案 92

第七章 实验室生物安全 95
一、单选题 95
二、多选题 100
三、判断题 106
参考答案 110

第八章 实验室废弃物安全 113
一、单选题 113
二、多选题 115
三、判断题 118
参考答案 122

第九章 实验室安全事故应急 124
一、单选题 124
二、多选题 135
三、判断题 142
参考答案 145

第十章 实验室辐射安全 147
一、单选题 147
二、多选题 150
三、判断题 151
参考答案 153

第一章　安全基础知识

一、单选题

1．下列不属于实验室安全防护设施的是（　）。

A．紧急喷淋　　　　B．医疗箱

C．超净台　　　　D．洗眼器

2．实验室常用于皮肤或普通实验器械消毒的是（　）。

A．75%乙醇　　　　B．甲醛

C．甲酚　　　　D．漂白粉

3．下列关于实验室操作及安全的叙述哪一个是正确的？（　）

A．嗅闻气体的气味时，应将鼻子和容器保持 20 cm 以上的距离，并且不可用手挥引其气体

B．当强碱溶液溅出时，可先用大量的水稀释后再处理

C．温度计破碎流出的汞，宜撒上盐酸使反应为氯化汞后再弃之

D．实验后所取用剩余的药品应小心倒回原容器，以免浪费

4．常规实验室室内净高应符合下列要求：设置空气调节系统时不低于（　），不设置空气调节系统时不低于（　）。

A．2.4 m　2.8 m　　　　B．2.2 m　2.8 m

C．2.0 m　2.2 m　　　　D．2.8 m　3.2 m

5．实验室通道应符合下列要求：由 1/2 个标准单元组成的通用实验室，靠两侧墙布置的边实验台之间的净距离不小于（　）；一侧墙布置实验台，另一侧墙布置通风橱或实验仪器设备时，其净距离不小于（　）。

A．1.5 m　1.5 m　　　　B．1.8 m　1.6 m

C．1.6 m　1.5 m　　　　D．1.2 m　1.6 m

6．开展油性物、酸类、酮类、中级极性有机化合物的实验，下列哪种材质的防护手套最适宜？（　）

A．天然橡胶　　B．丁腈橡胶
C．PVC　　D．氯丁橡胶

7．天然橡胶材质的防护手套不适合开展下列哪类实验？（　）
A．酸类　　B．醇类
C．甲醛　　D．油脂

8．丁基橡胶材质的防护手套不适合开展下列哪类实验？（　）
A．酸类　　B．酮类
C．苯　　D．油脂

9．氯丁橡胶材质的防护手套不适合开展下列哪类实验？（　）
A．酸类　　B．芳香族
C．苯酚　　D．油脂

10．PVC 材质的防护手套不适合开展下列哪类实验？（　）
A．酸类　　B．芳香族
C．苯酚　　D．甲醇

11．PVA 材质的防护手套不适合开展下列哪类实验？（　）
A．有机酸　　B．芳香族
C．苯　　D．油脂

12．丁腈橡胶材质的防护手套不适合开展下列哪类实验？（　）
A．酸类　　B．酮类
C．醇类　　D．石油馏出物

13．国家标准《安全色》（GB 2893—82）中规定的四种安全色是（　）。
A．红、蓝、黄、绿　　B．红、蓝、黑、绿
C．红、白、黄、绿　　D．白、蓝、黄、绿

14．安全标志指用以表达特定安全信息的标志，由（　）构成。
A．图形符号、对比色、几何形状（边框）或文字
B．特殊符号、对比色、几何形状（边框）或文字
C．图形符号、安全色、几何形状（边框）或文字
D．特殊符号、安全色、几何形状（边框）或文字

15．安全标志中哪种安全色传递必须遵守规定的指令性信息？（　）
A．红色　　B．黄色
C．蓝色　　D．绿色

16．禁止标志是不准许或制止某种行动的标志，几何形状是（　）。
A．圆形　　B．正方形
C．带斜杠的圆边框　　D．带有弧形转角的等边三角形

17．警告标志起到对某种影响安全与健康的潜在危险的警告作用，几何形状是（　）。

A．圆形　　B．正方形

C．带斜杠的圆边框　　D．带有弧形转角的等边三角形

18．指令标志是必须遵守的某种指令，几何形状是（　）。

A．圆形　　B．正方形

C．带斜杠的圆边框　　D．带有弧形转角的等边三角形

19．提示标志用来示意目标的方向，几何形状是（　）。

A．圆形　　B．正方形

C．带斜杠的圆边框　　D．带有弧形转角的等边三角形

20．禁止标志的安全色为（　），对比色为（　）。

A．红色　白色　　B．黄色　黑色

C．蓝色　白色　　D．红色　黑色

21．警告标志的安全色为（　），对比色为（　）。

A．黄色　白色　　B．黄色　黑色

C．蓝色　白色　　D．红色　黑色

22．指令标志的安全色为（　），对比色为（　）。

A．黄色　黑色　　B．绿色　白色

C．蓝色　白色　　D．红色　黑色

23．提示标志的安全色为（　），对比色为（　）。

A．黄色或蓝色　黑色　　B．绿色或红色　白色

C．黄色或蓝色　白色　　D．绿色或红色　黑色

24．安全色应至少覆盖安全标志总面积的（　）。

A．50%　　B．70%

C．75%　　D．80%

25．消防标志中的紧急疏散逃生标志安全色为（　），对比色为（　）。

A．黄色　黑色　　B．绿色　白色

C．蓝色　白色　　D．红色　白色

26．消防标志中的火灾报警装置标志安全色为（　），对比色为（　）。

A．黄色　黑色　　B．绿色　白色

C．红色　白色　　D．蓝色　白色

27．根据常用危险化学品的危险特性和类别，设主标志（　）种和副标志（　）种。

A．18　9　　B．18　11

C．16　9　　D．16　11

28．易燃、易爆物品和杂物等应放置在（　）。

A．烘箱、箱式电阻炉等附近　　B．冰箱、冰柜等附近
C．单独通风的实验室内　　D．实验室角落

29．在实验室中，应该放在第一位的是（　）。
A．实验结果　　B．实验安全
C．实验的创新性　　D．实验的可行性

30．实验室各种管理规章制度应该（　）。
A．集中挂在醒目的地方　　B．存放在管理员手中
C．存放在档案柜中　　D．存放在实验室抽屉中

31．倾倒液体试剂时，瓶上标签应朝（　）。
A．上方　　B．下方
C．左方　　D．右方

32．当不慎把少量浓硫酸滴在皮肤上时，正确的处理方法是（　）。
A．用酒精擦　　B．马上送医
C．用碱液中和后，用大量水冲洗　　D．用吸水性强的纸吸去后，用大量水冲洗

33．做加热易燃液体实验时，应该（　）。
A．用电炉加热，要有人看管　　B．用电热套加热，可不用人看管
C．用水浴加热，要有人看管　　D．用酒精灯加热，要有人看管

34．毒性物质进入人体最主要、最常见的途径是（　）。
A．呼吸道　　B．皮肤
C．眼睛　　D．消化道

35．当油脂等有机物沾污氧气钢瓶时，应立即用（　）洗净。
A．乙醇　　B．四氯化碳
C．水　　D．汽油

36．金属 Hg 常温下会（　）。
A．不挥发　　B．慢慢挥发
C．快速挥发　　D．结晶

37．HCN 无色，气味是（　）。
A．无味　　B．大蒜味
C．苦杏仁味　　D．臭鸡蛋味

38．氮氧化物主要伤害人体的（　）。
A．眼　　B．皮肤
C．消化器官　　D．呼吸道深部的细支气管、肺泡

39．严禁在实验室内存放总量大于（　）的瓶装易燃液体。
A．10 L　　B．20 L

C. 25 L　　D. 50 L

40. 易燃化学试剂理想存放温度是（　），允许存放最高室温不得超过（　）。

A. 0～5℃　30℃　　B. 0～5℃　40℃

C. −4～4℃　30℃　　D. −4～4℃　40℃

41. 高压电线断落地面时，导线断落点（　）内禁止人员进入。

A. 10 m　　B. 15 m

C. 20 m　　D. 30 m

42. 三相电闸闭合后，三相电机嗡嗡响、不转或转速很慢是因为（　）。

A. 短路　　B. 缺相

C. 开路　　D. 电压不稳

43. 实验室安全出口的疏散门应（　）。

A. 自由开启　　B. 向外开启

C. 向内开启　　D. 自动开启

44. 由于行为人的过失引起火灾、造成严重后果的行为，构成（　）。

A. 失火罪　　B. 纵火罪

C. 玩忽职守罪　　D. 重大责任事故

45. 重铬酸钾洗液颜色变为（　）时，说明失效，应及时更换。

A. 红色　　B. 绿色

C. 无色　　D. 黄色

46. 对于未反应完的活泼金属残余物，下列说法正确的是（　）。

A. 连同溶剂一起作为危险废液处理

B. 重新浸泡在煤油或石蜡中

C. 将金属暴露在空气中，使其氧化完全

D. 缓慢滴加无水乙醇将所有金属反应完毕后，整体作为危险废液处理

47. 下列哪种加热方式实验室中禁止使用？（　）

A. 明火电炉　　B. 水浴

C. 油浴　　D. 电热板

48. 室温较高时，开启易挥发溶剂瓶盖时，应先（　）。

A. 将试剂瓶在热水中浸泡一段时间

B. 振荡一段时间

C. 将试剂瓶在冷水中浸泡一段时间

D. 打开通风橱

49. 实验室常用药品应（　）。

A. 按药品类别分开存放　　B. 按字母顺序存放

C．按生产日期存放　　D．按使用人存放

50．在蒸馏低沸点（低于 80℃）有机化合物时，应采取（　）加热。

A．明火电炉　　B．煤气灯

C．热水浴　　D．砂浴

51．显微镜的物镜和目镜需用（　）擦拭。

A．毛刷　　B．镜头纸

C．湿巾　　D．餐巾纸

52．普通玻璃制品的加热温度不能超过（　）。

A．140℃　　B．180℃

C．200℃　　D．250℃

53．塑料、有机玻璃制品的加热温度不能超过（　）。

A．40℃　　B．60℃

C．80℃　　D．100℃

54．恒温培养箱的使用最高温度为（　）。

A．45℃　　B．50℃

C．60℃　　D．80℃

55．显微镜的油镜使用后，应先用擦镜纸将镜头上的油渍擦去，再用蘸有少许（　）的擦镜纸擦 2～3 次，最后用干净的擦镜纸将上述溶剂擦去。

A．正己烷　　B．酒精

C．二甲苯　　D．汽油

56．为了防止在开启或关闭玻璃容器时发生危险，不适宜作为盛放具有爆炸危险性物质的玻璃容器的瓶塞的是（　）。

A．软木塞　　B．塑料塞

C．橡胶塞　　D．磨口玻璃塞

57．下列不可以放入 105℃干燥箱干燥的是（　）。

A．烧杯　　B．锥形瓶

C．量筒　　D．培养皿

58．严禁在实验室开展的活动有（　）。

A．整理实验台　　B．烹调做饭

C．打扫卫生　　D．调试仪器

59．下列不属于个人安全防护设施的是（　）。

A．防护镜　　B．口罩

C．安全帽　　D．通风橱

二、多选题

1．以下哪几项是诱发安全事故的原因？（　）

A．设备的不安全状态　　B．人的不安全行为

C．环境的不安全条件　　D．组织管理的缺陷

2．以下哪些是实验室安全管理中经常存在的问题？（　）

A．人员对实验室安全的重要性认识不足

B．实验室安全管理规章制度不完善

C．实验室安全建设配套设施不完善

D．实验室安全教育和应急处置演练不足

3．常见的实验室防护装备包括（　）。

A．护眼装备　　B．头面部防护装备

C．躯体防护装备　　D．手部防护装备

E．足部防护装备　　F．耳部防护装备

4．下列关于玻璃仪器操作的说法，正确的是（　）。

A．量筒、表面皿等非耐热器皿不可用明火直接加热

B．用移液管吸取液体时，管尖插入液面以下，用橡皮球或嘴吸取

C．加热试管内的溶液时，管口不得对着人，加热时要不停地摇晃

D．使用玻璃器皿前须仔细检查，有裂纹或破损的应及时更换

5．下列关于实验人员的说法，正确的是（　）。

A．掌握灭火器材正确的使用方法

B．熟悉所用的药品的性质，禁止用手直接接触化学药品和危险性物质

C．熟悉仪器设备的性能、操作方法和安全注意事项

D．实验过程较长可无人照看

6．安全标志可分为哪几类？（　）

A．禁止标志　　B．警告标志

C．指令标志　　D．提示标志

7．进入实验室工作，一定要搞清楚（　）等位置，有异常情况，要紧急关闭相应的总开关。

A．电源总开关　　B．水源总开关

C．多媒体开关　　D．计算机开关

8．对实验室安全的要求，下列说法正确的是（　）。

A．进入实验室的人员均要参加实验室安全培训

B. 下班离室前，应切断或关闭水、电、煤气及其他可燃气体阀门，并关好门窗

C. 产生的废弃物要分类，并按规定分别进行处理

D. 有危险性的场所、设备、设施、物品及技术操作要有警示标识

9. 实验室内应注意做到（ ）。

A. 不准把食物带进实验室

B. 实验室内不准饮食饮水，只能吃口香糖

C. 实验结束后应先洗净双手

D. 实验室内严禁吸烟

10. 使用冰箱和超低温冰箱时，需要注意的是（ ）。

A. 定期除霜和清洁

B. 清理后要对内表面进行消毒

C. 储存的所有物品应贴好标签

D. 未存放危险化学品的冰箱内可以冷冻食品和水

11. 下列气体须在通风橱内进行操作的是（ ）。

A. 硫化氢　　B. 氟化氢

C. 氯化氢　　D. 溴

12. 下面属于实验室安全检查范围的是（ ）。

A. 危险化学品的存放和使用

B. 实验室废弃物收集处置

C. 实验室水、电、气

D. 应急装备、器械及报警系统运行状态

13. 下列关于实验手套使用的注意事项，说法正确的是（ ）。

A. 使用前应检查是否有小孔、破损或磨蚀的地方

B. 使用中不得将污染手套任意丢放

C. 摘取手套采取正确方法，防止手套上沾染的有害物质造成二次污染

D. 使用后的手套当作一般废弃物丢弃

14. 取用试剂时，必须遵守的原则是（ ）。

A. 不能用手接触试剂，以免危害健康和沾污试剂

B. 瓶塞应倒置桌面上，以免弄脏，取用试剂后，立即盖严，将试剂瓶放回原处，标签朝外

C. 要用干净的药匙取固体试剂，用过的药匙要洗净擦干后才能再用

D. 尽量不多取试剂，多取的试剂不能倒回原瓶，应放入其他合适容器中另作处理

15. 高温实验装置使用时的注意事项是（ ）。

A. 注意防护高温对人体的辐射

B．熟悉高温装置的使用方法，并细心地进行操作

C．不得已非要将高温炉之类高温装置置于耐热性差的实验台上进行实验时，装置与台面之间要保留 1 cm 以上的间隙，并加垫隔热层，以防台面着火

D．使用高温装置的实验，要求在防火建筑内或配备有防火设施的室内进行，并保持室内通风良好

16．使用易燃易爆化学品应注意（　）。

A．避免明火加热

B．加热时使用水浴或油浴

C．在通风橱内操作

D．不可猛烈撞击

17．取用化学药品时，下列操作正确的是（　）。

A．取用腐蚀性和刺激性药品时，可戴一次性手套

B．倾倒药品时，勿直对容器口俯视

C．吸取药品时，应使用橡皮球

D．开启有毒气体容器时应戴防毒面具

18．从化学试剂瓶向烧杯中倾倒液体时，下列说法正确的是（　）。

A．为防止液体滴落到桌面，要用瓶嘴压住烧杯边缘

B．倾倒液体时，眼睛远离瓶子

C．可使用滤纸等擦干瓶子外流下的滴液，但不能盖紧瓶盖后在水龙头下冲洗

D．禁止使用吸管直接从试剂瓶中向外吸取液体，应先倒在烧杯里，再使用吸管

19．关于自燃性试剂的存放，下列说法正确的是（　）。

A．单独储存

B．存放于试剂架上

C．储存于通风、阴凉、干燥处

D．远离明火及热源，防止太阳直射

20．往玻璃管上套橡皮管（塞）时，应注意做到（　）。

A．管端应烧圆滑

B．用水或甘油浸湿橡皮管（塞）内部

C．用布裹手或带厚手套，以防割伤手

D．尽量不要使用薄壁玻璃管

21．用酒精灯时，下列操作正确的是（　）。

A．点火时要用火柴点

B．点火时用另一个点着的酒精灯去点

C．灭灯时可用嘴去吹

D．灭灯时要用灯帽盖灭

22．下列粉尘中，可能会发生爆炸的是（ ）。

A．铝粉　　B．面粉

C．煤粉　　D．生石灰

23．物质燃烧必须同时具备的条件是（ ）。

A．着火源　　B．助燃物

C．可燃物　　D．温度

24．使用在适当条件下可放出氧发生爆炸的强氧化剂时，应注意（ ）。

A．环境温度不要高于 30℃　　B．通风要良好

C．要加热　　D．不要与有机物或还原性物质共同使用

25．实验室内操作大量乙炔气时，应注意（ ）。

A．室内不可有明火

B．室内不可有产生电火花的电器

C．房间应密闭

D．室内应有高湿度

26．下列物质会灼伤皮肤的是（ ）。

A．液氮　　B．强碱

C．溴　　D．强氧化剂

E．冰醋酸

27．实验中加热液体，下列说法正确的是（ ）。

A．液体的量不要超过试管容积的 1/3

B．试管口向上倾斜 45°

C．试管口对向无人方向

D．先预热再集中加热

28．使用重铬酸钾洗液时，下列说法正确的是（ ）。

A．重铬酸钾洗液可用于浸泡各类器皿

B．可以将手直接插入洗液缸里取放器皿

C．在洗液缸里取放器皿时必须戴上专用手套并避免时间过长

D．取出器皿后，立即用水连同手套一起清洗

29．关于实验室常用的化学品丙酮，下列说法正确的是（ ）。

A．属于低毒类化学品

B．极易挥发，具有高度易燃性

C．不溶于水

D．对神经系统有麻醉作用，并对黏膜有刺激作用

30．关于实验室常用的化学品苯，下列说法正确的是（　）。

A．属于低毒类化学品

B．短期接触可对中枢神经系统产生麻痹作用，引起急性中毒

C．长期接触会对血液造成极大伤害，引起慢性中毒

D．属于致癌物质

31．进入实验室前，要先了解（　），发生意外时能做好相应的自救。

A．安全出口的位置

B．易燃、易爆物品的位置

C．洗眼器、紧急喷淋、急救药箱的位置

D．紧急疏散逃生路线

32．进行蒸馏操作时，应注意下列问题（　）。

A．充分了解各馏分的沸点

B．仔细检查装置接口处的连接情况

C．蒸馏烧瓶应当采用圆底烧瓶

D．装量不超过烧瓶体积的2/3，加入几粒沸石，防止爆沸

33．使用化学药品开展实验前，应了解的信息包括（　）。

A．理化特性　　B．毒性及防护措施

C．保存条件　　D．中毒后的急救措施

34．实验室不适合穿的鞋有（　）。

A．运动鞋　　B．凉鞋

C．拖鞋　　D．高跟鞋

35．危险化学品的常见毒害包括（　）。

A．急性毒性　　B．慢性毒性

C．“三致”效应　　D．水环境危害性

36．易侵蚀玻璃而影响纯度，应保存在塑料瓶或者涂石蜡的玻璃瓶中的试剂有（　）。

A．浓硫酸　　B．氢氟酸

C．氟化物　　D．苛性碱

37．开展危险物质、挥发性有机溶剂、特定化学物质或毒性化学物质的实验，必须穿戴的防护用具包括（　）。

A．防护口罩　　B．防护手套

C．防护眼镜　　D．防护服

38．塑料离心管可以盛放下列哪些物质？（　）

A．有机溶剂　　B．盐溶液

C．酶溶液　　D．普通水溶液

39. 金属离心管可以盛放下列哪些物质？（ ）

A. 有机溶剂　　B. 盐溶液

C. 酶溶液　　D. 普通水溶液

40. 玻璃离心管可以盛放下列哪些物质？（ ）

A. 有机溶剂　　B. 盐溶液

C. 酶溶液　　D. 普通水溶液

41. 恒温培养箱用于（ ）。

A. 干燥　　B. 灭菌

C. 微生物培养　　D. 生物材料培养

42. 液氮中保存安瓿瓶的要点是（ ）。

A. 安瓿瓶必须严格密封，若熔封不严或稍有破裂，液氮会渗入管内

B. 处理液氮时，应小心操作，防止皮肤和液氮接触造成“冷烧伤”

C. 安瓿瓶应存放在液氮的气相中，绝不要浸在液氮中

D. 从冷藏条件下取出安瓿瓶时，保护好手和眼等

43. 下列行为正确的是（ ）。

A. 实验时不擅自离开岗位

B. 水、电、煤气、酒精灯等一经使用完毕立即关闭

C. 实验结束后，值日生和最后离开实验室的人员应再一次检查水、电、气等是否关闭关好

D. 实验结束后，使用过的仪器设备如有需清洁的零部件立刻清理干净

44. 实验室发生安全事故的主要原因有（ ）。

A. 实验操作不慎　　B. 仪器设备老化

C. 自然灾害　　D. 体制机制不完善，监管不力

三、判断题

1. 装有易燃液体的器皿不能日光直射。（ ）

2. 实验中人员不得脱岗，进行危险实验时至少需有 2 人同时在场。（ ）

3. 进入实验区域，不能穿拖鞋、短裤、裙子，并应把长发束好。（ ）

4. 在稀释浓硫酸时，不能将水往浓硫酸里倒，而应将浓硫酸缓缓倒入水中，不断搅拌均匀。（ ）

5. 溴（水）是腐蚀性极强的物质，必须在通风柜中操作，并注意安全。（ ）

6. 离开实验室时，实验服不得穿着外出，必须脱下并留在实验室内，更不能携带回家。（ ）

7．临时进入实验室取物品，可以不穿实验服。（　）

8．实验室分区应符合实验要求，对周围环境影响小。（　）

9．有隔振要求的实验室或对振动敏感的精密测量仪器实验室应布置在建筑物底层。（　）

10．中央实验台一般与窗平行布置，其与外墙的净距离不小于1 m。（　）

11．实验室应配备急救药箱，放置在方便取用的地方，并保持箱内急救物品有效、整洁。（　）

12．在实验室操作经呼吸道传播的感染性材料时，应佩戴过滤等级高的口罩。（　）

13．KN类口罩适用于过滤油性和非油性颗粒物。（　）

14．我国自吸过滤式防颗粒物呼吸器，按照过滤元件可分为KN和KP两类。（　）

15．禁止用口或鼻嗅的方法去鉴别物质。如必须嗅闻时，头部保持一定距离，用手微微扇风将少许气味引向鼻孔。（　）

16．易挥发性或易燃的液体储存瓶，在温度较高的场所或瓶的温度较高时，应冷却后开启。开启时，瓶口不能正对着人。（　）

17．不能用手直接接触化学药品。（　）

18．取用钾、钠、钙、黄磷时必须使用专用钳子。（　）

19．应使用敞口容器加热有机溶剂。（　）

20．加热、冷却操作，温度升降应均匀，防止温度局部急剧变化或爆沸。（　）

21．在器具中加热药品，须平稳放置，瓶口或管口不能对着人。（　）

22．可用明火加热低沸点的溶剂如乙醇、氯仿等。（　）

23．吸滤瓶及一些厚壁玻璃容器，清洗后不可直接放入温度较高的烘箱，否则往往因急剧加热而破裂。（　）

24．开展高温实验操作，应在有防火设施且通风良好的室内进行。（　）

25．通风的目的是借助于空气流通，使有害物质浓度降低，达到安全要求。（　）

26．安全标志中安全色的作用是使影响安全与健康的对象或环境能够迅速引起人们的注意，并使特定信息获得快速理解。（　）

27．安全标志的红色传递注意、警告的信息。（　）

28．安全标志的蓝色传递安全的提示性信息。（　）

29．提示安全状况的标志安全色应为绿色，用于提示急救点、紧急出口、避险处等。（　）

30．提示消防设施的标志安全色应为红色，用于提示火警电话、地上消火栓、消防水带、灭火器等。（　）

31．辅助标志的基本型式是圆形边框，可位于安全标志的上、下、左、右侧。（　）

32．不同类型的安全标志可按照安全信息确定的优先顺序排列组成复式标志。（　）

33．安全标志中，组合标志和复式标志是一回事。（　）

34．消防安全标志根据功能具体分为火灾报警装置标志、紧急疏散逃生标志、灭火设

备标志、禁止和警告标志、方向辅助标志和文字辅助标志6类。（ ）

35. 实验过程中长时间使用恒温水浴锅时，应注意及时加水，避免干烧发生危险。（ ）

36. 打开易挥发或浓酸、浓碱试剂的瓶塞时，瓶口不能对着脸部或其他人，必须在通风橱中进行。（ ）

37. 使用通风橱时，拉下通风橱玻璃活动挡板至手肘处，使胸部以上受玻璃视窗所屏护，人员的头部以及上半身绝不可伸进通风橱内。（ ）

38. 防护面具的选用应以等级最高者优先。（ ）

39. 玻璃器具在使用前要仔细检查，避免使用有裂痕的仪器。（ ）

40. 要经常保持实验室环境的整洁卫生，做到地面、桌面、设备三清洁。（ ）

41. 不得戴着实验防护手套开门、翻阅书籍、使用电脑、接听电话。（ ）

42. 实验仪器使用时，要有人在场，不得擅自离开。（ ）

43. 禁止在实验室吃东西、喝水，但实验室内可以存放食物和饮料。（ ）

44. 防护面具有大小之分，应选用与使用者密合度好的防护面具。（ ）

45. 在使用化学品之前，应先查阅化学品安全技术说明书（MSDS）。（ ）

46. 在进入实验室进行操作前，须将长发整理好，以免头发垂下导致危险事故发生。（ ）

47. 当水银仪器破损时，应尽量将洒落的水银收集起来，并在残迹处洒上硫黄粉。（ ）

48. 化学品的闪点越高，燃爆危险性越大。（ ）

49. 在冰箱或冷藏库中储存的所有容器必须清楚标明内部物品、所在单位、存储时间和存储人姓名。（ ）

50. 冰箱内不能放置易燃、易爆物品，除非有防爆措施，且冰箱门上应注明。（ ）

51. 在使用高压灭菌锅、烘箱等高压加热设备时，必须有人值守。（ ）

52. 实验过程中应尽量避免实验仪器在夜间无人看管的情况下连续运转。如果必须在夜间使用，应严格检查实验仪器的自控装置、漏电保护装置及空气开关等，保证其工作正常。（ ）

53. 实验室紫外消毒器应定期清洗，以免残留污垢影响紫外线透过率。（ ）

54. 插线板质量符合要求，可以随意串联使用。（ ）

55. 在易燃、易爆、易灼烧及有静电发生的场所作业的人员，可以穿着化纤防护用品。（ ）

56. 在清洁、维修仪器时，应先断电并确保无人能开启仪器。（ ）

57. 由于金属络合剂能与毒物中的金属离子形成稳定的化合物随尿液排出体外，故发生金属及其盐类中毒时，可采用金属络合剂解毒。（ ）

58. 使用强氧化剂时，环境温度不宜过高，必须通风良好，并不要与有机物或还原性物质共同使用。（ ）

59. 实验室安全工作的中心任务是防止发生人员伤亡和财产损失。（ ）

60. 湿手不能触摸带电的电器，不能用湿布擦拭使用中的电器。（ ）

61．铅被加热到 400℃以上就有大量铅蒸气逸出，在空气中迅速氧化为氧化铅，形成烟尘。（ ）

62．做好必要的防护措施，可以用烘箱干燥有爆炸危险性的物质。（ ）

63．酒精灯不再使用时，应立刻用嘴吹灭。（ ）

64．Hg、As、Pb 等经口急性中毒会引起牙龈出血、牙齿松动、恶心、呕吐、腹痛、腹泻等症状。（ ）

65．醋酸蒸气与空气混合会在热源的诱发下引起爆炸。（ ）

66．不能穿戴实验服及防护用品、携带实验物品进入休息区。（ ）

67．取用后剩余的化学品，不可放回原试剂瓶中。（ ）

68．化学品 LD_{50} 数值越大，则毒性越高。（ ）

69．浓硫酸应保存在塑料瓶中。（ ）

70．室温较高时，开启易挥发溶剂瓶盖时，应先将试剂瓶在冷水中浸泡一段时间。（ ）

71．加热、回流易燃液体，为防止暴沸、喷溅，应添加适量沸石，如开始加热时发现忘加沸石，应先停止加热，待体系冷却后再加入沸石重新加热。（ ）

72．通用塑料制品的加热温度不能超过 60℃。（ ）

73．放置较久的乙醚不能马上使用，使用前应先除去可能存在的过氧化物。（ ）

74．实验过程中长时间使用酒精灯时，为避免酒精燃烧耗尽，在使用时应及时添加酒精。（ ）

75．有机溶剂只会经呼吸道进入人体，做好面部防护就可有效防止危害。（ ）

76．做需要搅拌的实验时，找不到玻璃棒，可以用铁棒代替。（ ）

77．酒精灯内的酒精量最多可加至容器的 2/3。（ ）

78．在进行萃取或洗涤操作时，为了防止物质高度浓缩而导致内部压力过大，产生爆炸，应该注意及时排出产生的气体。（ ）

79．乙炔衍生物、乙炔金属盐、环氧乙烷、叠氮化物等都属于易燃和易爆的化学试剂，处理时应该特别小心。（ ）

80．倾倒液体药品时，应将标签朝下，以便看清瓶内液面。（ ）

81．倾倒液体药品时，应小心地拿起瓶子直接倾倒。（ ）

82．进行高、低温操作时必须佩戴合适的防护手套。（ ）

83．进行蒸馏操作，装仪器时从左到右，拆仪器时从右到左。（ ）

84．氢化钙、五氧化二磷、三氯化磷必须放在干燥器内保存。（ ）

85．新购制的玻璃器皿含有游离碱，可先用 2%的盐酸或铬酸洗液浸泡数小时后，再用清水洗净。（ ）

86．强酸强碱等不能与身体接触，弱酸弱碱在使用中可以与身体接触。（ ）

87．在实验室不可配戴隐形眼镜，应使用一般眼镜。（ ）

88．开启氨水、HCl 瓶应该在通风橱中进行。（ ）

89．我国通用的化学试剂可分为分析纯和化学纯两个等级，试剂瓶的标签有相应的颜色标志，分别是分析纯红色、化学纯蓝色。（ ）

90．高速离心机各转头有其使用的额定转速，使用时不能超过其额定转速。（ ）

91．在液氮罐中保存安瓿瓶，应直接浸在液氮中。（ ）

92．安瓿瓶最好在超低温冰柜或干冰中保存。（ ）

93．汞、苯、铬酸盐和氰化物均属于对人体具有极度危害性的物质。（ ）

94. 玻璃电极初次使用前，必须在蒸馏水中浸泡数日，平时也应浸泡在蒸馏水中备用。（ ）

95. 开启含感染性材料的安瓿瓶，最好用烧红的玻璃棒接触安瓿瓶的上端使之破碎。（ ）

96．实验过程中应仔细观察实验现象并及时做好实验记录，原始记录要完整、真实、准确、清楚。（ ）

97．对含有悬浮物质的溶液加热时，应加沸石或玻璃珠，以避免暴沸现象产生。（ ）

98．安全管理是一项具体、细致、复杂的系统工程。（ ）

99．过氧化氢和过氧乙酸可以用于实验室工作台表面以及金属器械的消毒。（ ）

100．进行高温操作时必须佩戴防护手套。（ ）

101．进行低温操作时不用佩戴防护手套。（ ）

参考答案

一、单选题

1. C 2. A 3. B 4. A 5. C 6. D 7. D 8. C 9. B 10. B 11. A 12. B 13. A 14. C 15. C 16. C 17. D 18. A 19. B 20. A 21. B 22. C 23. B 24. A 25. B 26. C 27. D 28. C 29. B 30. A 31. A 32. D 33. C 34. A 35. B 36. B 37. C 38. D 39. B 40. C 41. C 42. B 43. B 44. A 45. B 46. D 47. A 48. C 49. A 50. C 51. B 52. B 53. B 54. C 55. C 56. D 57. C 58. B 59. D

二、多选题

1. ABCD 2. ABCD 3. ABCDEF 4. ACD 5. ABC 6. ABCD 7. AB 8. ABCD 9. ACD 10. ABC 11. ABCD 12. ABCD 13. ABC 14. ABCD 15. ABCD 16. ABCD 17. BCD 18. BCD 19. ACD 20. ABCD 21. AD 22. ABC 23. ABC 24. ABD 25. AB 26. ABCDE 27. ABCD 28. CD 29. ABD 30. BCD 31. ABCD 32. ABCD 33. ABCD 34. BCD 35. ABCD 36. BCD 37. ABCD 38. BD 39. ACD 40. ABCD 41. CD 42. ABCD 43. ABCD 44. ABD

三、判断题

1. 对 2. 对 3. 对 4. 对 5. 对 6. 对

7. 错，进入实验室区域必须穿实验服

8. 对 9. 对

10. 错，中央实验台一般不与窗平行布置，确需平行布置的，其与外墙的净距离不小于 1.3 m

11. 对 12. 对 13. 错，适用于过滤非油性颗粒物

14. 对 15. 对 16. 对 17. 对 18. 对

19. 错，不能使用敞口容器加热有机溶剂

20. 对 21. 对 22. 错，不可用明火加热，应使用水浴锅

23. 对 24. 对 25. 对 26. 对

27. 错，红色传递禁止、停止、危险或提示消防设备、设施的信息

28. 错，蓝色传递必须遵守规定的指令性信息

29. 对 30. 对 31. 错，辅助标志的基本型式是矩形边框

32. 对

33. 错，组合标志是由安全标志和辅助标志共同组合而成的标志，复式标志是由不同类型的安全标志组合而成的标志

34. 对　35. 对　36. 对　37. 对

38. 错，防护面具根据实验性质选用

39. 对　40. 对　41. 对　42. 对

43. 错，严禁将食物、饮品带入实验室

44. 对　45. 对　46. 对　47. 对

48. 错，闪点越低，燃爆危险性越大

49. 对　50. 对　51. 对　52. 对　53. 对

54. 错，实验室插线板不能串联使用

55. 错，不可穿化纤用品

56. 对　57. 对　58. 对　59. 对　60. 对　61. 对

62. 错，不能用烘箱干燥有爆炸危险性的物质

63. 错，应将酒精灯的盖子直接盖在火苗上面，不能用嘴吹灭

64. 对　65. 对　66. 对　67. 对

68. 错，LD_{50}数值越大，毒性越低

69. 错，应保存在玻璃瓶中

70. 对　71. 对　72. 对　73. 对

74. 错，酒精灯使用过程中严禁添加酒精

75. 错，有机溶剂除呼吸道外，也可通过皮肤进入人体

76. 错，不可用铁棒代替玻璃棒

77. 对　78. 对　79. 对

80. 错，应将标签朝向手心，以防止残留在瓶口的药液流下来污染或腐蚀标签

81. 错，应沿玻璃棒徐徐倒出

82. 对　83. 对　84. 对　85. 对

86. 错，使用弱酸弱碱也需要做好安全防护，避免与身体接触

87. 对　88. 对　89. 对　90. 对

91. 错，应保存在液氮的气相中

92. 对　93. 对　94. 对　95. 对　96. 对　97. 对　98. 对

99. 错，过氧化氢可以用于实验室工作台表面和金属器械的消毒。而过氧乙酸具有酸的通性，对金属有腐蚀性，不可用于金属器械的消毒

100. 对　101. 错，进行低温操作时必须佩戴防护手套

第二章　实验室消防安全

一、单选题

1．灭火过程中发现有人员触电，不可直接用（　）。

A．木棒　　B．竹竿

C．手　　D．木棍

2．直流水可以扑救下列哪种物质的火灾？（　）。

A．硫酸　　B．磷酸

C．盐酸　　D．硝酸

3．燃烧是一种发热发光的（　）反应。

A．生物　　B．物理

C．化学　　D．自燃

4．使用（　）灭火器是扑救大型精密仪器火灾的最佳选择。

A．卤代烃　　B．泡沫

C．二氧化碳　　D．干粉

5．下列哪种灭火器不适用一甲胺？（　）

A．水　　B．泡沫

C．二氧化碳　　D．干粉

6．抗溶性泡沫灭火器不能扑救下列哪种物质？（　）

A．醇　　B．醚

C．酰氯　　D．酮

7．根据可燃物的类型和物质的燃烧特性分类，A 类火灾是指（　）。

A．液体火灾和可熔化的固体物质火灾　　B．固体物质火灾

C．气体火灾　　D．带电物体和精密仪器等物质的火灾

8．根据可燃物的类型和物质的燃烧特性分类，B 类火灾是指（　）。

A．液体火灾和可熔化的固体物质火灾　　B．固体物质火灾

C．气体火灾　　D．带电物体和精密仪器等物质的火灾

9．根据可燃物的类型和物质的燃烧特性分类，C 类火灾是指（　）。

A．液体火灾和可熔化的固体物质火灾　　B．固体物质火灾

C．气体火灾　　D．带电物体和精密仪器等物质的火灾

10．根据可燃物的类型和物质的燃烧特性分类，D 类火灾是指（　）。

A．液体火灾和可熔化的固体物质火灾　　B．固体物质火灾

C．金属火灾　　D．带电物体和精密仪器等物质的火灾

11．根据可燃物的类型和物质的燃烧特性分类，E 类火灾是指（　）。

A．液体火灾和可熔化的固体物质火灾　　B．固体物质火灾

C．金属火灾　　D．带电物体和精密仪器等物质的火灾

12．根据可燃物的类型和物质的燃烧特性分类，F 类火灾是指（　）。

A．液体火灾和可熔化的固体物质火灾　　B．固体物质火灾

C．金属火灾　　D．烹饪器具内的烹饪物（如动植物油脂）火灾

13．我国消防的工作方针是（　）。

A．安全第一，预防为主　　B．预防为主，防消结合

C．安全第一，防消结合　　D．预防为主，综合管理

14．空气中二氧化碳含量达到（　）时，人会呼吸不畅。

A．2%　　B．3%

C．8%　　D．4.5%

15．金属锂只能使用下列哪种灭火方式？（　）

A．泡沫　　B．干砂

C．二氧化碳　　D．干粉

16．下列哪些物质不属于可燃粉尘？（　）

A．水泥粉　　B．木粉

C．煤粉　　D．面粉

17．*N*-甲基吗啉的灭火方式不包括（　）。

A．水　　B．砂土

C．二氧化碳　　D．干粉

18．下列哪种水枪适合扑救气体火灾？（　）

A．直流水枪　　B．喷雾水枪

C．脉冲水枪　　D．带架水枪

19．在室外灭火时，应站在什么位置？（　）

A．上风处　　B．无风处

C．下风处　　D．风口处

20．扑救液体易燃火灾时，应用哪种方法？（　）

A．用灭火器　　B．扑打

C．用水泼　　D．用棉布覆盖

21．身上着火怎么办？（　）

A．就地打滚　　B．呼喊

C．奔跑　　D．拨打 119

22．灭火的四种方法为（　）。

A．捂盖法、隔开法、扑打法、浇水法

B．泡沫法、扑灭法、救火法、化学法

C．隔离法、冷却法、窒息法、化学抑制法

D．泡沫法、冷却法、窒息法、化学抑制法

23．烟头的中心温度大概是多少摄氏度？（　）

A．900～1 000℃　　B．400～500℃

C．700～800℃　　D．200～300℃

24．做加热易燃液体实验时，（　）。

A．用电热套加热，可不用人看管　　B．可用电炉加热，要有人看管

C．用水浴加热，要有人看管　　D．用水浴加热，不用有人看管

25．当打开房门闻到燃气气味时，要迅速（　），以防止引起火灾。

A．报火警　　B．打开门窗通风

C．打开燃气灶具查找漏气部位　　D．用鼻子闻查找漏气部位

26．实验大楼安全出口的疏散门应（　）。

A．向内开启　　B．向外开启

C．自由开启　　D．上锁

27．扑救电器火灾不宜使用（　）灭火器。

A．二氧化碳　　B．灭火沙

C．泡沫　　D．干粉

28．二氧化碳灭火器不宜用于扑救（　）。

A．档案资料　　B．计算机

C．贵重仪器设备　　D．钾、钠、镁、铝等物质

29．发现电器着火应该怎么办？（　）

A．在保障安全的情况下先关掉电源，然后灭火

B．在保障安全的情况下先灭火，再关掉电源

C．赶紧跑，不管它　　D．直接给保卫部门打电话

30．用灭火器灭火时，应对准火焰的（　）部位喷射灭火剂。

A．中部　　B．根部
C．上部　　D．都可以

31．干粉灭火器不宜扑救（　）。
A．有机溶剂火灾　　B．油漆火灾
C．金属燃烧　　D．石油产品火灾

32．在火灾初发阶段，应采用哪种方法撤离？（　）
A．跑到楼顶呼救　　B．乘坐电梯
C．用湿毛巾捂住口鼻低姿势从安全通道撤离　　D．跳楼逃生

33．实验室仪器设备用电或线路发生故障着火时，应立即（　）。
A．将贵重仪器设备迅速转移　　B．切断现场电源
C．疏散人群　　D．报火警

34．带电电气设备发生火灾不能用（　）灭火器扑救。
A．水　　B．干粉
C．卤代烷　　D．二氧化碳

35．扑救烟灰缸里的杂物、废纸篓里的纸片燃烧等初期火灾时，错误的做法是（　）。
A．用手拍灭　　B．用水扑灭
C．用湿毛巾覆盖　　D．用灭火器扑灭

36．用灭火器灭火的最佳位置是（　）。
A．下风位置　　B．距离起火点 3～5 m 的上风或侧风位置
C．离起火点 10 m 以上的位置　　D．离起火点 15 m 以上的位置

37．扑救火灾最有利的阶段是（　）。
A．火灾初期阶段　　B．火灾发展阶段
C．火灾猛烈燃烧阶段　　D．火灾尾声阶段

38．检查气瓶是否漏气应该采取的正确方法是（　）。
A．用鼻子闻　　B．用火试
C．用肥皂水刷到软管和接口处检查　　D．用耳朵听

39．实验室遇到火灾，正确的做法是（　）。
A．沉着、冷静、迅速正确逃生　　B．不用着急，等待消防队救援
C．迅速坐电梯逃生　　D．跳窗逃生

40．消防人员在灭火过程中应当（　）。
A．优先救人　　B．优先抢救财物
C．优先灭火　　D．优先自保

41．发现火灾要及时报警，我国的火灾报警电话是（　）。
A．119　　B．122

C．120　　　　　　　　　　　　D．110

42．发现火灾后如何正确报警？（　）

A．讲清自己的姓名和联系电话，返回火场救火

B．告知着火方位后迅速挂断电话，返回火场救火

C．讲清着火单位、详细地址、着火物质及火势大小、是否有人被困、留下报警人姓名和联系方式

D．告知着火方位后迅速挂断电话，立即撤离现场

43．实验室发生火灾，首先应（　）。

A．及时拨打 119 火警电话并通知单位消防负责人

B．先自行扑救，救不了时再报火警

C．只拨打单位内部报警电话

D．不需拨打 119 火警电话

44．发生火灾时要尽量贴地面撤离的主要原因是（　）。

A．燃烧产生的有毒热烟在离地面近的地方浓度较小，可降低中毒概率

B．看得清地上有无障碍物

C．以免碰着别人

D．以免摔倒

45．（　）都有维护消防安全、保护消防措施、预防火灾、报告火警的义务。

A．消防官兵　　　　　　　　　　B．任何单位和个人

C．单位保安　　　　　　　　　　D．公安民警

46．按照火灾造成的死亡人数，我国火灾分为（　）等级。

A．特大火灾、重大火灾和一般火灾三个

B．重大火灾、较大火灾和一般火灾三个

C．特大火灾、重大火灾、较大火灾和一般火灾四个

D．特大火灾、重大火灾、较大火灾三个

47．压力越（　），爆炸（　）限显著增加，爆炸危险性增加。

A．高　上　　　　　　　　　　　B．高　下

C．低　上　　　　　　　　　　　D．低　下

48．电源开关应安装在什么材料的基座上？（　）

A．不燃材料　　　　　　　　　　B．可燃材料

C．易燃材料　　　　　　　　　　D．低燃点材料

49．《消防法》的立法宗旨是为了预防火灾和减少火灾危害，加强应急救援工作，保护（　）安全，维护公共安全。

A．生命　　　　　　　　　　　　B．财产

C．人身、财产　D．公民人身

50．火灾中引起人员大量伤亡的主要原因是（　）。

A．互相踩踏致死　B．吸入烟气窒息死亡

C．被火烧死　D．跳楼摔死

51．发生火灾应当立即报警。任何单位、个人都应当（　）为报警提供便利，不能阻拦报警。

A．无偿　B．有偿

C．自愿　D．自觉

52．灭火器应放置在（　）。

A．隐蔽的地方　B．易于取用的地方

C．远离实验室的地方　D．仓库

53．我国的“119”宣传活动日是（　）。

A．1月19日　B．11月9日

C．9月11日　D．10月19日

54．火灾初始阶段是扑救火灾（　）的阶段。

A．最不利　B．最有利

C．较不利　D．较有利

55．遇火灾时（　）乘坐电梯逃生。

A．可以　B．不可以

C．视当时情况决定是否　D．看逃生人流判断是否

56．扑救爆炸物品火灾时，（　）用沙土盖压，以防造成更大伤害。

A．可以　B．禁止

C．必须　D．视情况

57．以下对报警电话描述不正确的是（　）。

A．发生火灾时任何人都可以无偿拨打119电话

B．119报警电话是免费的

C．为了演练不可以拨打119电话

D．未经领导允许不可拨打119电话

58．采取适当的措施，使燃烧因缺乏或隔绝氧气而熄灭，这种方法称作（　）。

A．隔离灭火法　B．窒息灭火法

C．冷却灭火法　D．化学抑制法

59．下列（　）火灾不能用水扑灭？

A．棉布　B．金属钾、钠

C．纸张　D．木材

60．身上着火后，下列哪种灭火方法是错误的？（　）

A．用厚重衣物覆盖压灭火苗　　B．就地打滚

C．迎风快跑　　D．站在喷淋器下开水喷淋

61．实验室火灾报警电铃响时，应当（　）。

A．立即停止实验，按照紧急预案迅速离开实验室

B．坚持做完实验后再离开

C．出去了解情况后再决定

D．打电话求救

62．由于行为人的过失引起火灾，造成严重后果的行为，构成（　）。

A．纵火罪　　B．失火罪

C．玩忽职守罪　　D．故意杀人罪

63．扑救易燃液体火灾时，应该（　）。

A．用灭火器　　B．用水泼

C．扑打　　D．用棉布覆盖

64．可燃气体、蒸气、粉尘与空气（或助燃气体）的混合物，必须在一定的浓度范围内，遇到足以起爆的火源才能发生爆炸。这个可爆炸的浓度范围，叫做该爆炸物的（　）。

A．爆炸点　　B．爆炸浓度极限

C．爆炸上限　　D．爆炸下限

65．对于比水轻又不溶于水的易燃和可燃液体，如苯、甲苯、汽油、轻柴油等的火灾，不可以（　）。

A．用水灭火　　B．用泡沫覆盖

C．用沙掩埋　　D．用二氧化碳灭火剂

66．如果实验出现火情，要立即（　）。

A．停止加热，移开可燃物，切断电源，用灭火器灭火

B．穿戴上防火护具，坚持把实验做完

C．用干毛巾覆盖火源，使火焰熄灭

D．用棉被扑打火源，使火焰熄灭

67．可燃物质发生化学爆炸必须具备的条件有（　）。

A．存在可燃物质

B．可燃物质与助燃物质（如氧气）混合达到一定比例范围

C．具有足够的引爆能量（如火源、高温等）

D．以上均是

68．下列不可以用二氧化碳灭火器扑灭的火灾有（　）。

A．试剂药品着火　　B．仪器设备着火

C．易燃气体火灾　　D．气瓶着火

69．对于实验室内的初期火灾，不正确的做法有（　）。

A．用水浇灭　　B．用灭火器扑灭

C．用湿毛巾覆盖　　D．用东西扇灭

70．苯、甲苯、汽油等火灾，不可以（　）。

A．用沙土覆盖　　B．用水灭火

C．用泡沫覆盖　　D．用二氧化碳灭火剂

二、多选题

1．燃烧需要同时具备的要素是（　）。

A．着火源　　B．可燃物

C．助燃物　　D．还原剂

2．下列哪些物质禁止用水扑救？（　）

A．固体甲醇钠　　B．磷酸

C．三氯氧磷　　D．氢化钠

3．下列哪些物质用水灭火无效？（　）

A．甲苯　　B．丙酮

C．氯苯　　D．苯酚

4．下列哪些物质禁止用泡沫灭火器扑救？（　）

A．镁粉　　B．硼氢化钠

C．氯磺酸　　D．丙酰氯

5．灭火有哪些基本方法？（　）

A．隔离法　　B．冷却法

C．抑制法　　D．窒息法

6．下面哪些物质失火后在灭火时需穿防静电防护服？（　）

A．乙酸　　B．环己酮

C．二氧化碳　　D．石油醚

7．对于消防器材和设施，我们应该（　）。

A．不挪作他用　　B．定期维护和保养

C．不埋压、圈占、遮挡消防器材设施

D．火灾很少发生，消防器材一般很少用到，可以在周围堆放物品

8．报警人或知情人应协助消防人员开展以下工作：（　）

A．引导消防车辆、人员到达火灾现场

B．介绍周围可利用的消防水源

C．与消防人员一起进入火场灭火救人

D．介绍起火位置、建筑的有关情况和有无人员被困

9.《消防法》规定，任何单位和个人都有（　）的义务。

A．维护消防安全　　B．保护消防设施

C．预防火灾　　D．报告火警

10．灭火器的使用方法为（　）。

A．提起灭火器，拉开安全插销

B．握住皮管，朝向火苗，用力握下手压柄

C．朝向火源根部喷，左右移动扫描

D．火熄灭后用水冷却余烬，并保持监控确定熄灭

11．发生火灾拨打 119 后，应同“119”台报告（　）。

A．火灾详细地址及火势大小

B．燃烧物质及受影响的物质及人员被困情况

C．报警人姓名、单位及联系方式

D．派人到适当位置迎接消防车到来

12．以下属于电气设备产生火灾的原因有（　）。

A．短路　　B．过负荷

C．照明灯具、电热组件、电热工具的表面热　　D．接触电阻热

13．在火灾中，逃生自救的基本方法有（　）。

A．逃离时尽可能沿墙根边沿，避免因坍塌压伤

B．尽可能向上风侧的出口逃生，选择最近的出口处

C．逃离火场时，最好戴好防毒器材，在没有防毒器材的情况下可用湿毛巾捂住口鼻逃离或尽可能紧贴地面爬出去

D．在所有逃生通道比较远的情况下可以选择跳楼逃生

14．实验室配备的常见便携式灭火器包括（　）。

A．灭火器　　B．灭火毯

C．各类自动消防设施　　D．消防栓

15．实验室基本的防火措施有（　）。

A．加强易燃易爆化学物品管理　　B．严格用电管理

C．严格执行操作过程　　D．加强实验室人员消防安全教育

16．按爆炸过程的性质，通常将爆炸分成（　）几种类型。

A．化学爆炸　　B．物理爆炸

C．固体爆炸　　D．核爆炸

17. 防爆措施主要有（　）。

A. 消除火源　　B. 控制可燃物形成爆炸性混合物

C. 防止可形成爆炸性混合物的化学品泄漏

D. 安装检测和报警装置

18. 干粉灭火器适用于（　）。

A. 有机溶剂起火　　B. 可燃气体起火

C. 精密仪器起火　　D. 木质实验台起火

19. 下列哪些物质混合时容易引起火灾？（　）

A. 液氧与有机物　　B. 可燃性物质与浓硫酸

C. 硝酸、硫酸和盐酸　　D. 磷化氢及白磷等物质与空气接触

20. 火灾蔓延的途径有（　）。

A. 热对流　　B. 热传导

C. 热辐射　　D. 热交换

21. 发生电器火灾时可以使用的灭火设备主要有（　）。

A. 泡沫灭火器　　B. 干粉灭火器

C. 二氧化碳灭火器　　D. 灭火水龙

22. 进入实验场所，应注意观察场所（　）位置的疏散情况。

A. 电梯　　B. 进出口

C. 安全出口　　D. 疏散通道楼梯

23. 燃烧按照其形成的条件和发生的特点，可分为如下（　）类型。

A. 闪燃　　B. 阴燃

C. 自燃　　D. 着火

24. 火灾有（　）的特点。

A. 突发性　　B. 严重性

C. 不可控性　　D. 复杂性

25. 影响爆炸极限的因素主要有（　）。

A. 温度　　B. 火源强度

C. 含氧量　　D. 惰性气体含量和容器

E. 压力

26. 火灾从初起到熄灭可分为（　）。

A. 初期阶段　　B. 发展阶段

C. 猛烈阶段　　D. 熄灭阶段

27. 预防火灾的基本措施有（　）。

A. 控制可燃物　　B. 隔绝空气

C．清除火源　　　　　　　　　　　D．阻止火势或爆炸波的蔓延

28．按驱动灭火剂的动力来源，灭火器可分为（　）。

A．储气瓶式　　　　　　　　　　　B．储压式

C．化学反应式　　　　　　　　　　D．一般式

29．扑救易燃含碳固体引发火灾（A 类火灾）的方法：易燃含碳固体可燃物，如迷彩、棉毛、麻、纸张等燃烧发生的火灾，可用（　）。

A．清水灭火器　　　　　　　　　　B．泡沫灭火器

C．干粉灭火器　　　　　　　　　　D．氯代烃灭火器

30．扑救易燃液体（B 类火灾），如汽油、乙醚、甲苯等有机溶剂着火时，可用（　）。

A．干粉灭火器　　　　　　　　　　B．泡沫灭火器

C．卤代烷灭火器　　　　　　　　　D．水

31．对于可燃气体（C 类火灾），如煤气、天然气、甲烷等燃烧发生的火灾，可用（　）。

A．干粉灭火器　　　　　　　　　　B．卤代烷等灭火器

C．水　　　　　　　　　　　　　　D．泡沫灭火器

32．扑救可燃活泼金属（D 类火灾），如钾、钠、镁等发生的火灾，可用（　）。

A．干沙式铸铁粉末　　　　　　　　B．专用灭火剂

C．氯代烷灭火器　　　　　　　　　D．水

33．扑救可燃活泼金属（D 类火灾），如钾、钠、镁等发生的火灾，绝对不能用（　）。

A．水　　　　　　　　　　　　　　B．泡沫灭火器

C．二氧化碳灭火器　　　　　　　　D．四氯化碳灭火器

34．扑救带电物体引发的火灾（E 类火灾），应先切断电源，再用（　）。

A．二氧化碳灭火器　　　　　　　　B．干粉灭火器

C．氯代烷灭火器　　　　　　　　　D．水

E．泡沫灭火器

35．扑救动植物油脂火灾（F 类火灾），应用几层灭火毯包住着火部位，隔绝空气，再选择（　）。

A．二氧化碳灭火器　　　　　　　　B．干粉灭火器

C．氯代烷灭火器　　　　　　　　　D．水

E．泡沫灭火器

36．对于气体火灾的扑救方法一般为（　）。

A．压缩或液化可燃气体泄漏时，在没有采取堵漏措施的情况下，可用长的点火棒将气体点燃，使其稳定燃烧

B．堵漏工作做好后，即可用水、干粉、二氧化碳等灭火器进行灭火

C．气体起火时，首先扑灭外围被火源引燃的可燃物，控制燃烧范围

D．如果是输气管道泄漏着火，应设法找到气源阀门将阀门关闭

37．实验室常见的易燃液体起火时，下列措施正确的有（ ）。

A．小面积火灾可用干粉灭火器或泡沫灭火器、沙土覆盖等进行扑救

B．容器内的可用湿抹布覆盖灭火

C．扑救毒害性、腐蚀性或燃烧产物毒性较强的易燃液体火灾，扑救人员必须佩戴防毒面具，采取严密的防护措施

D．用消火栓灭火

38．实验室仪器、设备等起火的处理措施有（ ）。

A．对在实验容器中发生的局部小火，用湿布、石棉网、表面皿等覆盖，就可以使火焰窒息

B．若因渗漏、油浴着火等引起反应体系着火时，有效的扑灭方法是用几层灭火毯包住着火部位，隔绝空气使其熄灭。扑救时必须防止玻璃仪器破损造成严重的泄漏，导致火势扩大。若使用灭火器时，由火场的周围逐渐向中心处扑灭

C．实验室烘箱、消解板、管式炉等有异味或冒烟时，应迅速切断电源，使其慢慢降温，并准备好灭火器备用

D．千万不要轻易打开仪器门，以免突然供入空气助燃，引起火灾

39．以下（ ）是阻止火势或爆炸波蔓延的措施。

A．在建筑物之间留有防火间距，筑防火墙

B．在建筑物内安装防火门，设防火分区

C．在可燃气体管路上安装阻火器、水封

D．在压力容器、设备上安装防爆膜、安全阀等

40．以下（ ）措施可有效控制可燃物。

A．用难燃或不燃的材料代替可燃材料

B．控制危险化学品的存量，分类存放

C．禁止在实验室内吸烟或违规使用电器

D．采用排风或通风方法以降低可燃气体、蒸气和粉尘在空气中的浓度。

41．以下（ ）措施可有效隔绝空气。

A．使用易燃易爆试剂的实验可在密封的设备中进行

B．隔离空气储存某些危险化学品

C．对某些异常危险的实验，充装惰性气体

D．在实验环境充满氢气

42．以下（ ）措施可有效清除火源。

A．隔离火源

B．与火源保持安全距离

C．大型仪器安全接地

D．高层建筑避雷

43. 以下（　）属于人员防护措施。

A. 掌握消防知识，了解实验室灭火器材的种类、使用方法，清楚存放位置

B. 实验过程中穿着防护衣物

C. 配备防护工具和灭火设备

D. 实验前认真检查试验设备的安全性能状况，发现电线及设备存在故障时，应及时维修

44. 对在实验容器中发生的局部小火，用（　）就可以使火焰窒息。

A. 湿布　　B. 石棉网

C. 表面皿　　D. 脱脂棉

45. 若因渗漏、油浴着火等引起反应体系着火时，有效的扑灭方法有（　）。

A. 用几层灭火毯包住着火部位，隔绝空气使其熄灭

B. 扑救时必须防止玻璃仪器破损造成严重的泄漏，导致火势扩大

C. 若使用灭火器时，由火场的周围逐渐向中心处扑灭

D. 用水扑救

46. 实验室烘箱、消解板、管式炉等有异味或冒烟时，操作正确的有（　）。

A. 迅速切断电源，使其慢慢降温，并准备好灭火器备用

B. 千万不要打开仪器门，以免突然供入空气助燃，引起火灾

C. 迅速打开仪器门散热

D. 洒水降温

47. 实验室发生火灾紧急事故时，正确的应对策略是（　）。

A. 发生大的突发事故后，人身安全才是最重要的，事故现场人员首先应尽快有序地从安全通道撤离，等事故得到控制之后再回来处理其他事情

B. 听从指挥

C. 发生小型着火事故，应防止火势蔓延（采取切断电源、移走易燃物品、灭火等措施）

D. 如被困室内（电梯内），应设法呼救

48. 腐蚀性物品着火时，正确的做法是（　）。

A. 用雾状水、干砂、泡沫、干粉等扑救

B. 硫酸、硝酸等酸类腐蚀品应该用加压密集水流扑救

C. 扑救有毒有害物品和腐蚀性物品火灾时，还应注意节约水量和水的流向

D. 有毒或有腐蚀性的灭火污水四处溢流会污染环境，甚至污染水源，要注意尽可能使灭火后的污水流入污水管道

49. 被火困在实验室内应（　）。

A. 跳楼　　B. 用窗帘或绳子拴在室内牢固处下到下一层逃生

C. 躲到实验台下　　D. 到窗口或阳台挥动物品求救

50．为防止电气火灾的发生，应避免（　）操作。

A．随意改动供电设备线路

B．乱拉临时线

C．使用电气设备无人看守、通电空运行

D．电气设备与易燃易爆物品一起堆放

51．面对火灾，以下哪些逃生方法是正确的？（　）

A．选择逃生通道自救　　B．结绳下滑自救

C．向外界求救　　D．乘坐电梯逃生

52．灭火的三种基本方法是（　）。

A．隔离法　　B．通风法

C．窒息法　　D．冷却法

53．火灾发生时，正确的应对方法是（　）。

A．以湿毛巾掩口鼻呼吸，降低姿势，匍匐前进，以减少吸入浓烟

B．爬行时将手心、手肘、膝盖紧靠地面，并沿墙壁边缘逃生，以免走错方向

C．就近逃入电梯，等待救援

D．跳窗逃生

54．环科院实验人员必须熟知的“四懂”是（　）。

A．懂本岗位火灾危险性　　B．懂预防措施

C．懂火灾扑救方法　　D．懂逃生方法

E．懂应急演练的步骤　　F．懂消防工作机制

55．下列哪些行为是消防违法行为？（　）

A．堵塞封闭消防安全出口　　B．遮挡消防设施

C．损坏公共消防设施　　D．无照经营

56．ABC 干粉灭火器适用于（　）。

A．电器起火　　B．可燃气体起火

C．有机溶剂起火　　D．爆炸物起火

57．如果你第一个发现某实验室着火，可以（　）。

A．判断火情、火源及燃烧物种类，若火势较小、容易控制，及时使用相应的灭火器材进行灭火

B．若火势稍大，及时联系实验室负责人，迅速转移周围的可燃物

C．避免火势扩大，及时报警，尽可能使用灭火设施进行灭火

D．若火势过大，不易控制，呼唤他人，正确报警，有序疏散，及时逃生

58．二氧化碳灭火器有流动性好、喷射率高、不腐蚀容器和不易变质等优良性能，适宜用在扑灭（　）。

A．初期火灾　　B．A 类火灾

C．C 类火灾　　D．D 类火灾

59．由于泡沫灭火器喷出的泡沫中含有大量水分，它不能像二氧化碳液体灭火器那样灭火后不污染物质、不留痕迹，主要适用于扑救（　）等固体可燃物火灾。

A．油类　　B．木材

C．纤维　　D．橡胶

60．干粉灭火器内装药剂是粉末状磷酸铵盐或碳酸盐，适用于扑救（　）。

A．易燃、可燃液体火灾　　B．易燃、可燃气体火灾

C．电气设备火灾　　D．爆炸物火灾

61．水不能扑救的火灾有（　）。

A．金属火灾　　B．不溶于水的易燃液体火灾

C．碱金属氢化物火灾　　D．高压电气装置火灾

62．下列哪些粉尘可能产生爆炸？（　）

A．面粉　　B．生石灰

C．煤粉　　D．铝粉

三、判断题

1．《消防法》规定，不得在具有火灾、爆炸危险的场所吸烟、使用明火。（　）

2．火场扑救原则是先人后物、先重点后一般、先控制后消灭。（　）

3．发现火灾时，单位或个人应该先自救，如果自救无效，火越着越大时，再拨打火警电话 110。（　）

4．发生火灾后，为尽快恢复生产，受灾单位或个人可以自行清理或变动火灾现场。（　）

5．当电气设备发生火灾后，如果可能应该先断电后灭火。（　）

6．为保证公物安全，灭火器应当上锁保护。（　）

7．在扑救电器火灾的明火时，应该用气体灭火器扑救。（　）

8．当发生火情时应尽快沿着疏散指示标志和安全出口方向迅速离开火场。（　）

9．实验楼的电闸箱起火，可以用实验楼的消火栓灭火。（　）

10．在着火和救火时，若衣服着火，要赶紧跑到空旷处用灭火器扑灭。（　）

11．大火封门无路可逃时，可用浸湿的衣物堵塞门缝，向门上泼水降温，以延缓火灾蔓延时间，呼叫待援。（　）

12．消防队在扑救火灾时，有权根据灭火的需要，拆除或者破损临近火灾现场的建筑。（　）

13．在“严禁烟火”警示牌的大楼和实验室，没必要再配置消防、冲淋、洗眼、报警和逃生设施及设明显标志。（　）

14．实验大楼出现火情发生浓烟时应迅速离开，当浓烟已穿入实验室时，要沿地面匍匐前进，因地面层新鲜空气较多，不易中毒而窒息，有利于逃生。当逃到门口时，应站立开门，保持重心稳定。（ ）

15．灭火器材设置点附近堆放物品不易过多。（ ）

16．扑救气体火灾切忌盲目扑灭火势，首先应切断火势蔓延途径，然后疏散火势中压力容器或受到火焰辐射热威胁的压力容器。（ ）

17．在实验进程中常用明火进行加热、蒸馏等实验操作，以及使用电热仪器时用电量过大等都可能造成火灾危险。（ ）

18．环科院实验室内可储存易燃易爆化学危险品。（ ）

19．蓄热自燃是指可燃物在没有明火的情况下，由于自身内部的物理、化学、生物反应，温度不断积聚升高，达到燃点发生燃烧的现象。（ ）

20．要警惕实验室内发生电火花或静电，尤其在使用可能构成爆炸混合物的可燃性气体时更要注意。（ ）

21．身上着火时，可就地打滚或用厚重的衣物压灭火苗，也可快速奔跑。（ ）

22．二氧化碳灭火器使用不当时可能造成冻伤。（ ）

23．全国消防宣传日是每年的 9 月 11 日。（ ）

24．使用灭火器前一定要检查灭火器的类型是否适用于该类火灾。（ ）

25．实验室一旦出现火情，为避免污染气体进入肺部，不应大声呼叫。（ ）

26. 冷却灭火法指将灭火剂直接喷射到燃烧的物体上，以降低燃烧的温度至燃点之下，使燃烧停止。（ ）

27．窒息灭火法是阻止空气流入燃烧区或用不燃烧气体等稀释空气，使燃烧物没有足够的氧气而熄灭的方法。（ ）

28．使用电烙铁要放在不燃支架上，因不燃支架可以有效阻燃，所以用后不必拔下插头和切断电源。（ ）

29．实验室内存放的易燃易爆物品必须与火源、电源保持一定距离，不得随意堆放。（ ）

30．隔离灭火法指将周围未燃烧的可燃物质移开或与正在燃烧的物质隔离，并中断可燃物质的供给，使燃烧因缺少可燃物而停止。（ ）

31．实验室内使用电加热设备时，周围的易燃物应做好防火措施。（ ）

32．在实验室过道、走廊、楼梯口等地堆放杂物要保持整齐，保证通道和安全出口畅通。（ ）

33．实验室一旦出现火情，应立即切断电源，及时进行灭火并迅速报警，如果火势无法控制须马上逃离。（ ）

34．实验大楼发生火灾时，坐电梯逃生是最有效迅速的手段。（ ）

35．扑救液体火灾时，可用灭火器扑救，也可用水和其他物品扑打灭火。（ ）

36．消防工作的方针是“预防为主，防治结合”。（　）

37．爆炸是所有化学危险品的主要特征。（　）

38．用烘箱干燥有爆炸危险性的物品时温度不可过高。（　）

39．实验室内如存有易燃易爆危险品，不可使用明火。（　）

40．实验室电路保险丝断了，可自行接上或用铜丝代替。（　）

41．在有爆炸性的危险场所应安装防爆型灯具。（　）

42．易燃易爆危险品不能带入与实验无关的场所。（　）

43．当发生火灾时应尽快沿着疏散指示标识和安全出口方向迅速离开火灾现场。（　）

44．爆炸性混合物的爆炸极限是不变的。（　）

45．实验室必须放置一定数量的灭火器，且须放在便于取用的显著位置，按要求定期检查更换。（　）

46．爆炸是因为容器内和大气间的压力差增大或减少到容器壁不能承受时，物质在外界因素激发下发生急剧的物理、化学变化，在极短时间内，释放出大量能量，产生高温，并放出大量气体，伴有巨大声响的过程。（　）

47. 爆炸极限不是一成不变的，会随着条件发生变化，影响爆炸极限的因素只有温度。（　）

48．电气线路着火，要先切断电源，再用干粉灭火器或二氧化碳灭火器灭火，不要泼水灭火，以防止触电或电气设备爆炸伤人。（　）

49．火灾对实验室构成的威胁最为严重，应加强对火灾三要素的控制，这三要素是指氧化剂、助燃物、易燃物。（　）

50．火灾是指在时间或空间上失去控制的燃烧。火灾从初起到熄灭可分为初期阶段、发展阶段、猛烈阶段和熄灭阶段。（　）

51．火灾按可燃物的类型和燃烧特性分为 A、B、C、D 四个类别。（　）

52．环科院实验人员必须严格执行实验室安全操作规程，严禁使用明火电炉，严禁携带火源进入实验室。（　）

53．实验室内应使用空气开关并配备必要的漏电保护器，并根据需要随时增加多用插头数量，保证仪器设备正常运行。（　）

54．实验室使用的大功率电加热器等用电设备，要保证接地安全。（　）

55．在环科院，实验结束后，剩余的剧毒化学品应妥善保存在实验室试剂柜中，不得随意放置。（　）

56．实验结束后，实验人员应对各种实验器具、设备进行整理，气源、电源、火源等确认安全后方可离开。（　）

57．对使用时间较长的设备以及具有安全隐患的设备应尽可能修好再用。（　）

58．恒温箱、电冰箱内存放互相抵触的物品以及燃点低的物质，应分开存放。（　）

59．只要不影响实验，可以在实验室洁净区域铺床睡觉。（　）

60．灭火器应定期进行检验。（　）

61．灭火器经检验就可以长时间使用了，无须定期更换。（　）

62．发生火灾时，首先一定要冷静下来，如果火势不大，可尽快采取措施扑救。如果火势凶猛，要在第一时间报警，并迅速撤离。（　）

63．灭火器的操作程序：取出灭火器，带到火灾现场，拔掉保险销，一手握压把，一手握喷管，对准火苗外焰喷射（注意人站在上风方向）。（　）

64．化学品的闪点越低，燃爆危险性越小。（　）

65．实验室必须配备符合本室要求的消防器材，消防器材要放置在明显或便于拿取的位置，严禁任何人以任何借口把消防器材移作他用。（　）

66．除非有防爆措施，否则冰箱内不能放置易燃、易爆物品，冰箱门上应注明这一点。（　）

67．实验室内不许存放易燃、易爆物品，但可以堆放个人物品。（　）

68．环科院实验人员必须会报警、会使用灭火器材、会处理肇险事故、会逃生。（　）

69．火灾扑灭后，发生火灾的单位应当立即清理现场，以最快速度复工，最大限度地降低火灾带来的损失。（　）

70．泡沫灭火器适用于电器起火的灭火。（　）

参考答案

一、单选题

1. C 2. B 3. C 4. C 5. A 6. C 7. B 8. A 9. C 10. C 11. D 12. D 13. B 14. D 15. B 16. A 17. A 18. B 19. A 20. A 21. A 22. C 23. C 24. C 25. B 26. B 27. C 28. D 29. A 30. B 31. C 32. C 33. B 34. A 35. A 36. B 37. A 38. C 39. A 40. A 41. A 42. C 43. A 44. A 45. B 46. C 47. A 48. A 49. D 50. B 51. A 52. B 53. B 54. B 55. B 56. B 57. D 58. B 59. B 60. C 61. A 62. B 63. A 64. B 65. A 66. A 67. D 68. C 69. D 70. B

二、多选题

1. ABC 2. ACD 3. AB 4. ABCD 5. ABCD 6. BCD 7. ABC 8. ABD 9. ABCD 10. ABCD 11. ABCD 12. ABCD 13. ABC 14. AB 15. ABCD 16. ABD 17. ABCD 18. ABD 19. ABD 20. ABC 21. BC 22. BCD 23. ABCD 24. ABCD 25. ABCDE 26. ABCD 27. ABCD 28. ABC 29. ABC 30. ABC 31. AB 32. AB 33. ABCD 34. ABC 35. ABCD 36. ABCD 37. ABC 38. ABCD 39. ABCD 40. ABCD 41. ABC 42. ABCD 43. ABCD 44. ABC 45. ABC 46. AB 47. ABCD 48. ABD 49. BD 50. ABCD 51. ABC 52. ACD 53. AB 54. ABCD 55. ABC 56. BC 57. ABCD 58. AB 59. ABCD 60. AB 61. ABCD 62. ACD

三、判断题

1. 对　2. 对

3. 错，应立即拨打 119

4. 错，受灾单位或个人必须经有关部门同意才可以清理或变动火灾现场

5. 对

6. 错，灭火器应放置在指定的显著位置

7. 对　8. 对

9. 错，电气设施起火，在没有断电的情况下不能用水扑救，会造成触电事故，只能用干粉灭火器或二氧化碳灭火器扑救

10. 错，衣服着火，须原地打滚

11. 对　12. 对

13．错，在“严禁烟火”警示牌的大楼和实验室，必须配置必要的消防、冲淋、洗眼、报警和逃生设施，设有明显标志

14．错，当逃到门口时，千万不要站立开门，以避免被大量浓烟熏倒

15．错，灭火器材设置点附近不能堆放物品，以免影响灭火器的取用

16．对　　17．对

18．错，环科院易制爆危险化学品应储存在危险化学品库内

19．错，蓄热自燃是指可燃物在没有直接火源的情况下，由于自身内部的物理、化学、生物反应，温度不断积聚升高，达到燃点发生燃烧的现象

20．对

21．错，身上着火时，可就地打滚或用厚重的衣物压灭火苗，不可快速奔跑

22．对

23．错，全国消防宣传日是每年的 11 月 9 日

24．对

25．错，实验室一旦出现火情，应大声呼叫，让周围的人尽可能知晓并采取措施

26．对　　27．对

28．错，使用电烙铁要放在不燃支架上，用后要拔下插头，下班后要切断实验室总电源

29．对　　30．对

31．错，实验室内使用电加热设备时，周围严禁有易燃物

32．错，切勿在实验室过道、走廊、楼梯口等地堆放杂物，要保证通道和安全出口畅通

33．对

34．错，实验大楼发生火灾时，禁止乘坐电梯逃生

35．错，液体着火时应用灭火器灭火，不能用水扑救或其他物品扑打

36．错，消防工作的方针是“预防为主，防消结合”

37．错，有的化学危险品不具爆炸性

38．错，有爆炸危险性的物品不可用烘箱干燥

39．对

40．错，实验室电路保险丝断了，应联系相关专业人员，不可自行接上或用铜丝代替

41．对　　42．对　　43．对

44．错，爆炸极限不是一成不变的，会随着条件发生变化

45．对　　46．对

47．错，影响爆炸极限的因素除了有温度外，还有火源强度、压力、含氧量、惰性气体含量和容器等

48．对

49．错，火灾三要素是指点火源、助燃物、易燃物

50．对

51．错，火灾按可燃物的类型和燃烧特性分为 A、B、C、D、E、F 六个类别

52．对

53．错，实验室内应使用空气开关并配备必要的漏电保护器；电气设备应配备足够的用电功率和电线

54．对

55．错，在环科院，实验结束后，剩余的剧毒化学品应退回剧毒化学品库

56．对

57．错，对使用时间较长的设备以及具有安全隐患的设备应及时报废

58．错，恒温箱、电冰箱内禁止存放互相抵触的物品，燃点低的物质应按要求存放

59．错，实验室区域不允许铺床睡觉

60．对

61．错，灭火器应定期进行更换

62．对

63．错，灭火器的操作要对准火苗根部喷射

64．错，化学品的闪点越低，燃爆危险性越大

65．对　　66．对

67．错，实验室内不可以堆放个人物品

68．对

69．错，火灾扑灭后，发生火灾的单位应当按照消防机构的要求保护现场，接受事故调查，如实提供与火灾相关的情况

70．错，电器起火不能用泡沫灭火器

第三章 实验室电气安全

一、单选题

1．一般认为，人体感知电流为（ ）左右。

A．1 mA　　B．10 mA

C．50 mA　　D．100 mA

2．一般认为，人体摆脱电流为（ ）左右。

A．1 mA　　B．10 mA

C．50 mA　　D．100 mA

3．一般认为，人体致命电流为（ ）左右。

A．1 mA　　B．10 mA

C．50 mA　　D．100 mA

4．我国规定，安全电压最高是（ ）。

A．50V　　B．42V

C．36V　　D．24V

5．凡在潮湿工作场所或在金属容器内使用手提式电动用具或照明灯时，应采用（ ）安全电压。

A．12V　　B．36V

C．50V　　D．100V

6．实验室内的插座距地面的高度一般不低于（ ）。

A．0.1 m　　B．0.2 m

C．0.3 m　　D．0.5 m

7．室内发生电气火灾，应首先进行（ ）。

A．切断电源　　B．报警

C．灭火　　D．逃跑

8．触电事故中，多数触电死亡是由（ ）造成的。

A. 电击　　B. 烧伤

C. 电休克　　D. 电伤

9. 静电电压最高可达（　），可现场放电，产生静电火花，引起火灾。

A. 50V　　B. 100V

C. 220V　　D. 数万 V

10. 漏电保护器的使用是防止（　）。

A. 触电事故　　B. 电压波动

C. 电荷超负荷　　D. 电流波动

11. 使用手持电动工具时，以下注意事项正确的是（　）。

A. 使用万能插座　　B. 使用漏电保护器

C. 身体或衣服潮湿　　D. 保护接地

12. 发生触电事故的危险电压一般是从（　）开始。

A. 24V　　B. 26V

C. 65V　　D. 110V

13. 装有漏电保护器，是属于哪种安全技术措施？（　）

A. 基本　　B. 辅助

C. 绝对　　D. 特殊

14. 人体在电磁场作用下，由于（　）将使人体受到不同程度的伤害。

A. 电流　　B. 电压

C. 电磁波辐射　　D. 电击

15. 如果工作场所潮湿，为避免触电，使用手持电动工具的人应（　）。

A. 穿防静电鞋操作　　B. 穿防静电衣服操作

C. 站在绝缘胶板上操作　　D. 站在铁板上操作

16. 被电击的人是否获救，关键在于（　）。

A. 触电的方式　　B. 人体电阻的大小

C. 触电电压的高低　　D. 能否尽快脱离电源和施行紧急救护

17. 特低电压是指交流（　）以下，直流 120V 以下的电压。

A. 36V　　B. 50V

C. 100V　　D. 120V

18. 不同频率的电流对人体的伤害程度有所不同，（　）Hz 工频交流电对人体的伤害最为严重。

A. 25　　B. 50

C. 75　　D. 100

19. 接地或接零保护线的颜色为（　）。

A．绿色　　B．蓝色

C．黄色　　D．黄绿双色

20．电击致命的根本原因在于（　）。

A．电压　　B．电阻

C．电流　　D．频率

21．以下有关实验室用电的注意事项中，不正确的是（　）。

A．实验前先检查用电设备，再接通电源；实验结束后，先关仪器设备，再关闭电源

B．工作人员离开实验室或遇突然断电，应关闭电源，尤其要关闭加热电器的电源开关

C．电源或电气设备的保险丝烧断后，可以用其他金属导线代替

D．任何电气设备在未验明无电之前，一律认为是有电的，不能盲目触及

22．电线接地时，人体距离接地点越近，跨步电压越高；距离越远，跨步电压越低。一般情况下距离接地体（　），跨步电压可看成是零。

A．10 m 以内　　B．20 m 以外

C．30 m 以外　　D．50 m 以外

23．单相三芯线电缆中的红线代表（　）。

A．零线　　B．火线

C．地线　　D．不明确

24．雷电放电具有什么特点？（　）

A．电流大，电压高　　B．电流小，电压高

C．电流大，电压低　　D．电磁波辐射

25．电气设备的外壳具有什么防护措施？（　）

A．保护性接零或接地　　B．绝缘

C．防锈漆　　D．无

26．使用电气设备时，由于维护不当，当（　）进入时可导致短路事故。

A．导电粉尘或纤维　　B．强光辐射

C．高温环境　　D．潮气

27．实验室、办公室等用电场所如需增加电气设备，以下做法正确的是（　）。

A．老师自行改装

B．学生私自改接

C．报请实验室管理人员批准，然后请电气专业人员安装

D．以上都不正确

28．漏电保护器对下列哪种情况不起作用？（　）

A．单手碰到带电体　　B．双手碰到两相电线

C．人体碰到带电设备　　D．人体碰到漏电机壳

29. 为防止静电火花引起事故，凡是用来加工、储存各种易燃气体、液体的设备金属管、非导电材料管都必须（ ）。

A. 有足够小的电阻　　B. 有足够大的电阻

C. 可靠接地　　D. 绝缘

30. 民用照明电路电压是以下哪种？（ ）

A. 交流电压 220V　　B. 交流电压 280V

C. 直流电压 220V　　D. 直流电压 280V

31. 工作地点相对湿度大于 75%时，属于什么环境？（ ）

A. 危险、易触电　　B. 不危险

C. 一般　　D. 特殊

32. 确认设备或线路无电，应以（ ）指示作为根据。

A. 电压表　　B. 检验正常的验电器

C. 断开信号　　D. 验电笔

33. 从事易燃易爆作业的人员应穿（ ），以防静电危害。

A. 含金属纤维的工作服　　B. 防油污工作服

C. 合成纤维工作服　　D. 无特殊要求

34. 三孔插座上哪个孔是火线？（ ）

A. 右下　　B. 左下

C. 上　　D. 以上都不是

35. 摩擦是产生静电的一种主要原因，尤其在干燥的环境中，人体的活动和物体的移动都会产生很强的静电。静电在突然释放时会对人体或设备造成损伤，以下哪种是防止静电事故的主要办法？（ ）

A. 人体接触对静电敏感设备时提前释放自己身体中积累的电荷，例如带静电防护手环、使用静电防护毯等

B. 用电设备良好接地

C. 保证电路良好的绝缘

D. 在易产生静电的场所梳理头发

36. 任何电气设备在未验明无电之前，一律认为（ ）。

A. 有电　　B. 可能有电

C. 无电　　D. 可能无电

37. 电压（ ）以下不必考虑电击的危险。

A. 10V　　B. 25V

C. 36V　　D. 65V

38. 室外照明灯具一般应选用（ ）型灯具。

A．防水　　B．普通
C．防爆　　D．开启

39．为消除静电危害，可采取的有效措施是（　）。
A．绝缘　　B．屏护
C．间距　　D．接地

40．实验室或办公室内固定电线插座损坏时，将会引起（　）。
A．工作不方便　　B．触电伤害
C．短路　　D．不美观

41．下列关于使用漏电保护器的说法，正确的是（　）。
A．漏电保护器既可用于保护人身安全，还可用来对低压系统或设备的对地绝缘状况起到监督作用
B．漏电保护器安装点以后的线路不可对地绝缘
C．漏电保护器在日常使用中不可在通电状态下按动实验按钮来检验其是否灵敏可靠
D．漏电保护器可用于保护设备过载

42．一般电气设备铭牌上的电压和电流的数值是（　）。
A．最大值　　B．最小值
C．有效值　　D．平均值

43．在防静电场所，下列哪种行为是正确的？（　）
A．穿防静电服时，必须与防静电鞋配套使用
B．在防静电服上附加或佩戴金属物件
C．在易燃易爆场所穿脱防静电服
D．在有静电发生的场所，可以使用化纤防护用品

44．在低压工作中，最小检修距离应不小于（　）。
A．0.1 m　　B．0.2 m
C．0.5 m　　D．1.0 m

45．在易燃易爆场所安装的电气设备和装置，需采用（　）。
A．防爆电器　　B．防水电器
C．防铁锈电器　　D．普通电器

46．电源电压高于电容耐压时，会引起（　）。
A．电容发热　　B．电容短路
C．电容爆裂　　D．电容不会爆裂

二、多选题

1．漏电保护器可用于保护（ ）。

A．输配电线路过载　　B．设备过载

C．输配电线路漏电　　D．设备漏电

2．以下有关实验室用电的注意事项中，正确的是（ ）。

A．工作人员离开实验室或遇突然断电，应关闭电源，尤其要关闭加热电器的电源开关

B．实验前先检查用电设备，再接通电源；实验结束后，先关仪器设备，再关闭电源

C．电源或电气设备的保险丝烧断后，可用其他金属导线代替

D．电源开关附近不得存放易燃易爆物品或堆放杂物

3．关于使用漏电保护器的说法，哪些不正确？（ ）

A．漏电保护器既可用来保护人身安全，还可用来对低压系统或设备的对地绝缘状况起到监督作用

B．漏电保护装置是用来防止人身触电和漏电引起事故的一种接地保护装置

C．漏电保护器安装点以后的线路不可对地绝缘

D．漏电保护器的日常使用中不可在通电状态下按动实验按钮来检验其是否灵敏可靠

4．电流对人体伤害程度的主要影响因素有哪些？（ ）

A．电流强度　　B．电压的大小

C．通电时间的长短　　D．电流的频率

E．电流通过人体的途径　　F．人的身体状况

5．电流对人体的伤害有哪两种类型？（ ）

A．电击　　B．电伤

C．静电　　D．漏电

6．电击防护措施中正确的是（ ）。

A．电气设备完好、绝缘良好，并有良好的保护接地

B．电源裸露部分应有绝缘装置

C．修理或安装电气设备时，必须先切断电源，不允许带电工作

D．操作电器前必须先洗手

7．引发电气火灾的原因有多种，以下哪些是引发电气火灾的主要原因？（ ）

A．过载　　B．短路

C．电热器离可燃物近　　D．不符合安全规范的操作

8．以下哪些是防止静电事故的主要办法？（ ）

A．增加空气中的湿度，降低静电产生的条件

B．铺设防静电地板

C．保证电路良好的绝缘

D．人体接触对静电敏感设备时提前释放自己身体中积累的电荷，例如带静电防护手环、使用静电防护毯等

9．为了防止触电，可以采取哪些措施？（　）

A．绝缘　　B．屏护

C．间距　　D．保护接地和接零

10．防止人身触电事故发生的安全措施有（　）。

A．穿绝缘防护鞋　　B．戴绝缘防护手套

C．安全规范操作　　D．定期检查线路

11．实验室禁止使用的电器有（　）。

A．电风扇　　B．热得快

C．盘式电炉　　D．空调

12．重复接地是指零线上的一处或多处通过接地装置与大地再次连接，其安全作用有哪些？（　）

A．降低漏电设备对地电压　　B．减轻零线断线时的触电危险

C．降低故障电气设备的对地电压　　D．缩短故障持续时间

13．以下哪些是用电安全的基本要素？（　）

A．电气设备的绝缘　　B．设备及其导体载流量

C．安全距离　　D．明显和准确的标志

14．静电会引起以下哪些后果？（　）

A．爆炸　　B．电子元器件击穿

C．电子元器件电连接中断　　D．电击

15．关于安全用电，下列做法正确的是（　）。

A．电路保险丝熔断，可以用铜丝或铁丝代替

B．插拔电器插头时手要保持干燥

C．触电时应立即切断电源

D．定期检查线路，防止绝缘层破损

16．电气事故可分为哪几种类型？（　）

A．触电事故　　B．雷击事故

C．静电事故　　D．电路故障

17．防静电的措施有哪些？（　）

A．保持地面潮湿　　B．穿防静电的衣服

C．穿防静电的鞋靴　　D．铺设导电性能好的地板

18. 雷电的特点有哪些？（　）

A. 电压高　　B. 尖端放电现象严重

C. 静电感应突出　　D. 作用时间长

19. 哪些场所应该优先使用带有漏电保护的开关？（　）

A. 手持电动工具　　B. 临时用电的电气设备

C. 高压电　　D. 安装在水中的供电线路和设备

20. 电源插线板不可以在哪些场合使用？（　）

A. 潮湿、恶劣的环境中　　B. 实验室地面上

C. 室外设备上　　D. 空调

21. 下列哪些情况是正确的？（　）

A. 定期检查设备的接线，确保连接牢固

B. 拔出电源插头时，严禁触及金属部分

C. 不用插头直接将电线的金属丝插入插座

D. 只要接线板质量符合要求，就可以随意串联很多个，不影响使用

22. 常见的电伤类型有（　）。

A. 电灼伤　　B. 电烙印

C. 皮肤金属化　　D. 机械性损伤

23. 电击使人致死的原因有哪些？（　）

A. 心室纤维颤动　　B. 呼吸衰竭

C. 败血症　　D. 休克

24. 屏护可以采用哪些方式把带电体同外界隔绝开？（　）

A. 遮拦　　B. 围栏

C. 护盖　　D. 箱闸

25. 电气事故按灾害危及的对象，可以分为哪些类型？（　）

A. 人身事故　　B. 设备事故

C. 电气火灾　　D. 爆炸事故

26. 电气事故按发生事故时的电路状况，可以分为哪些类型？（　）

A. 短路事故　　B. 断线事故

C. 接地事故　　D. 漏电事故

27. 电气事故按事故对人伤害的程度，可以分为哪些类型？（　）

A. 死亡　　B. 重伤

C. 轻伤　　D. 轻微伤

28. 电气事故按事故的原因，可以分为哪些类型？（　）

A. 触电事故　　B. 雷电和静电事故

C．射频事故　　D．电路故障事故

29．电气设备过度发热有哪些情况？（　）

A．过载　　B．接触与散热不良

C．短路　　D．漏电

30．电气火灾与一般性火灾相比，有哪些特点？（　）

A．电气设备可能带电，可能发生触电事故

B．某些电气设备充有大量的油，可能发生喷油甚至爆炸

C．易造成人员伤亡

D．扑救困难

31．以下可以用于间接电击防护的措施有（　）。

A．安全距离　　B．安全特低电压

C．加强绝缘　　D．电气隔离

三、判断题

1．保险丝和空气开关可以有效地防止电气火灾。（　）

2．电分强电和弱电，弱电开关等元件不能用在强电电路。（　）

3．各种电源是否有电，可用试电笔检验。（　）

4．机器仪表发生故障，或机器及动力装备等异常时，应该先关机，然后找有关人员前来检修，并设立警示牌。（　）

5．电流对人体的伤害有两种类型：电击和电伤。（　）

6．万用表电阻挡可测量绝缘电阻。（　）

7．使用电气设备时可以用两眼插头代替三眼插头。（　）

8．进行高电压实验时，实验人员必须在 2 人以上。（　）

9．配电盘（箱）、开关、变压器等各种电气设备附近不得堆放易燃、易爆、潮湿和其他影响操作的物件。（　）

10．任何电气设备在未验明无电之前，一律认为是有电，不能盲目触及。（　）

11．人体在电磁场作用下，由于电流将使人体受到不同程度的伤害。（　）

12．触电事故中，绝大部分是电休克导致人身伤亡的。（　）

13．如果触电者伤势严重，呼吸停止或心脏停止跳动，应竭力施行人工呼吸和胸外心脏按压。（　）

14．电源或电气设备的保险丝烧断后，可以用其他金属导线代替。（　）

15．使用电气设备时，由于维护不及时，当导电粉尘及纤维进入时，可导致短路事故。（　）

16．人体能承受的最大直流电流是100 mA。（ ）

17．电击触电通常是由于人体接触带电的线路或设备而受到伤害的事故。为避免电击触电事故的发生，设备须可靠接地和人体对地绝缘。（ ）

18．布线时，强、弱电可以合用同一电缆管线。（ ）

19．身边有人严重触电，应当首先切断电源，然后进行紧急抢救，并立即拨打急救电话120或999。（ ）

20．对于容易产生静电的场所，应保持地面潮湿，或者铺设导电性能好的地板。（ ）

21．电源插座附近不应堆放易燃物。（ ）

22．电气设备着火，首先必须采取的措施是灭火。（ ）

23．地线和零线的作用相同。（ ）

24．一定程度的电场、磁场和电磁场都可能对人体有损害。（ ）

25．实验室内电气设备及线路设施必须严格按照安全用电规程和设备要求实施，不许乱接、乱拉电线，墙上电源未经允许，不得拆线、改线。（ ）

26．连接在插线板上的用电器总功率不能超过插线板的最大负荷。（ ）

27．在有易燃易爆物品附近使用的电器必须采取防爆措施。（ ）

28．设备的外壳保护地线在没有接地设备的时候可以接在零线上。（ ）

29．国家标准《安全用电》（GB 3805—83）中规定，安全电压额定值分为42V、36V、24V三个等级。（ ）

30．从人体左手部位流经心脏的电流是最危险的电流途径。（ ）

31．电分强电和弱电，弱电开关等元件能用在强电电路。（ ）

32．连接电气设备的开关需安装在火线上。（ ）

33．通电时打开含有高压变压器或电容器的电子仪器盖子是危险的。（ ）

34．对容易产生静电的场所，要保持空气潮湿；工作人员要穿防静电的衣服和鞋靴。（ ）

35．实验室禁止私拉乱接电线，实验过程中自制非标设备时，应报请实验室管理人员批准，然后请电气专业人员处理。（ ）

36．在易燃、易爆及有静电发生的场所，可以使用化纤防护用品。（ ）

37．电击是电流直接通过人体造成的伤害。（ ）

38．电伤是电能转化为其他形式的能对人体造成的伤害。（ ）

39．如果触电者尚未脱离电源，救护者不能直接接触身体，应设法使其尽快脱离电源，并防止触电者二次伤害。（ ）

40．在充满可燃气体的环境中，可以使用手动电动工具。（ ）

41．为了防止触电可采用绝缘、屏护和间距等措施以保障安全。（ ）

42．移动某些非固定安装的电气设备时（如电风扇、照明灯），可以不必切断电源。（ ）

43．移动式电动工具、手持式电动工具应加装漏电保护器。（ ）

44. 触电是指通过人体的电流达到一定值时对人体造成伤害的事故。（ ）
45. 电压相同的交流电和直流电，交流电对人体的伤害更大。（ ）
46. 凡是低于 50V 的电压均可认定为安全特低电压。（ ）
47. 两静电导体之间产生放电一般为火花放电。（ ）
48. 电烙印常见于高压触电。（ ）
49. 电压越高，对人体的伤害就越严重。（ ）
50. 绝缘材料受潮后会丧失绝缘性能或在强电场作用下遭到破坏，丧失绝缘性能。（ ）
51. 电气火灾大部分由短路引起。（ ）
52. 电动工具的电源引线必须保证接地可靠。（ ）
53. 空调电源必须单独拉线，不得使用接线板。（ ）

参考答案

一、单选题

1. A 2. B 3. C 4. B 5. A 6. C 7. A 8. A 9. D 10. A 11. B 12. C 13. A 14. C 15. C 16. D 17. B 18. B 19. D 20. C 21. C 22. B 23. B 24. A 25. A 26. A 27. C 28. B 29. C 30. A 31. A 32. B 33. A 34. A 35. A 36. A 37. B 38. A 39. D 40. B 41. A 42. C 43. A 44. A 45. A 46. C

二、多选题

1. CD 2. ABD 3. CD 4. ABCDEF 5. AB 6. ABC 7. ABCD 8. ABD 9. ABCD 10. ABCD 11. BC 12. ABCD 13. ABCD 14. ABC 15. BCD 16. ABCD 17. ABCD 18. ABC 19. ABCD 20. ABCD 21. AB 22. ABCD 23. ABCD 24. ABCD 25. ABCD 26. ABCD 27. ABC 28. ABCD 29. ABCD 30. AB 31. BCD

三、判断题

1. 错，保险丝和空气开关只是起过载保护作用

2. 对

3. 错，用检验正常的验电器检验

4. 对　5. 对

6. 错，万用表电阻量程有限

7. 错，实验室使用的电气设备中，有一些是按照Ⅰ类绝缘设计的，这一类电器，必须接地，不能用两眼插头代替三眼插头。一些是按照Ⅱ类绝缘设计的，本身不需要接地，不能使用三眼插头

8. 对　9. 对　10. 对

11. 错，由于电磁波辐射将使人体受到不同程度的伤害

12. 错，人体接受电流遭到电击

13. 对

14. 错，保险丝烧断一般是由于电流或者电压异常引起的，也有可能是电器本身的原因，用金属导线代替保险丝的话容易烧坏电器

15. 对

16. 错，50 mA

17．对

18．错，应该分开布线

19．对　　20．对　　21．对

22．错，首先切断电源

23．错，地线是接地装置，平时没有电流流过，当电器漏电时，地线可以把电泄向大地，保护人体免遭触电。零线是中性线的俗称，是供电系统变压器的工作线路。零线还有一个作用就是保护接零

24．对　　25．对　　26．对　　27．对

28．错，接在地线上

29．错，42V、36V、24V、12V、6V 五个等级

30．对

31．错，弱电元件所允许通过的电流较小，两端所加的电压较低。如果用于强电电路，不管是电流还是电压都会严重超标，瞬间就会烧坏

32．对　　33．对　　34．对　　35．对

36．错，化纤衣服容易产生静电，一旦达到点火能量，在易燃易爆场所极易引发爆炸危险；假如发生火灾（爆炸），化纤衣服着火后会粘在皮肤表面，无法清理，连皮肤都会被撕下，会引起更大的伤害；化纤面料服装在穿着磨擦时会产生很高的静电电压，会产生静电火花，具有相当的危险性

37．对　　38．对　　39．对

40．错，不能，会产生火花，极容易引起爆炸

41．对

42．错，必须先切断电源

43．对　　44．对　　45．对

46．错，安全特低电压是指交流 50V 以下、直流 120V 以下的电压

47．对

48．错，常见于低压触电

49．对　　50．对　　51．对　　52．对　　53．对

第四章　实验室仪器设备安全

一、单选题

1. 用烧杯加热液体时，液体的量以不超过烧杯容积的（　）为宜，以防沸腾时液体外溢。

A. 1/2　　B. 1/3

C. 2/3　　D. 3/4

2. 试管在装溶液时应不超过容量的（　）。

A. 1/2　　B. 1/3

C. 2/3　　D. 3/4

3. 试管在装溶液加热时应不超过容量的（　）。

A. 1/2　　B. 1/3

C. 2/3　　D. 3/4

4. 加热时使用试管夹，试管夹应夹在距管口（　）处。

A. 1/2　　B. 2/3

C. 1/3　　D. 1/4

5. 加热盛有固体的试管时，管口应（　）。

A. 略向上　　B. 完全朝上

C. 完全向下　　D. 略向下

6. 使用通风橱时，应拉下通风橱玻璃活动挡板至（　）处，使胸部以上受玻璃视窗所屏护。

A. 眼部　　B. 下巴

C. 手肘　　D. 腰部

7. 氢氟酸应放置在（　）中。

A. 玻璃瓶　　B. 广口瓶

C. 棕色瓶　　D. 塑料瓶

8．箱式电阻炉（马弗炉）使用过程中，当温度降至（　）以下，才可以打开炉门。

A．200℃　　B．300℃

C．400℃　　D．500℃

9．紫外线消毒方便实用，紫外灯可以是固定式，也可以是活动式的，但距离被照射物不超过（　）为宜。

A．5 m　　B．3 m

C．2 m　　D．1.2 m

10．大型仪器是指用于科学研究和技术开发活动的各类重大科研基础设施和单台套价值在（　）的科学仪器设备。

A．20 万元及以上　　B．50 万元及以上

C．80 万元及以上　　D．100 万元及以上

11．气相色谱-质谱仪的氦气钢瓶输出压力应设置为（　）。

A．0.1 MPa　　B．0.25 MPa

C．0.5 MPa　　D．1 MPa

12．气相色谱-质谱仪若突然停电，应立即按顺序关闭（　）。

①气相色谱　②质谱　③计算机电源　④氦气开关

A．①②③④　　B．④①③②

C．①④②③　　D．④①②③

13．离子色谱仪如遇长期无实验任务时，每月至少开机（　），每次冲洗系统不少于（　）。

A．一次　半小时　　B．一次　一小时

C．两次　一小时　　D．两次　半小时

14．高效液相色谱仪长时间不用时，流动相水相的溶液瓶及泵前管路中容易滋生细菌，应改用（　）保存。

A．20%甲醇水溶液　　B．10%甲醇水溶液

C．10%乙醇水溶液　　D．20%乙醇水溶液

15．使用离子色谱仪时，氮气应将分压表调至（　）。

A．0.1 MPa　　B．0.15 MPa

C．0.2 MPa　　D．0.25 MPa

16．高效液相色谱仪应使用经过纯水机处理过的超纯水，水电阻应达到（　）。

A．10.2 MΩ　　B．15.2 MΩ

C．18.2 MΩ　　D．20.2 MΩ

17．原子吸收分光光度计主机电源为“ON”时，如果触摸（　）的插座，会因高压电引起触电。

A．空心阴极灯　　B．实心阴极灯

C．空心阳极灯　　D．实心阳极灯

18．凝胶净化系统油脂的上样量控制在（　）（标准柱）。

A．4 g 以下　　B．3 g 以下

C．2 g 以下　　D．1 g 以下

19．凝胶净化系统至少（　）冲洗一次柱子。

A．每 1 周　　B．每 2 周

C．每 3 周　　D．每 4 周

20．快速溶剂萃取仪不可使用自燃点在（　）的溶剂。

A．40～320℃　　B．80～320℃

C．40～220℃　　D．80～220℃

21．电感耦合等离子体质谱仪的样品采集完后，应先用（　）冲洗系统 5 min，再用（　）冲洗系统 5 min。

A．纯水　5% HNO_3　　B．5% HNO_3　纯水

C．纯水　5% HCl　　D．5% HCl　纯水

22．电感耦合等离子体质谱仪测试样品前，最好提前（　）对仪器进行抽真空，如仪器一直处于待机状态，则可以直接进行样品测试。

A．半天　　B．一天

C．三天　　D．一周

23．电感耦合等离子体质谱仪维护保养需定期检查机械泵的油位及颜色，添加或更换油，一般（　）一次。

A．每月　　B．每季度

C．每半年　　D．每年

24．电感耦合等离子体质谱仪维护保养需定期更换循环水，一般（　）一次。

A．每月　　B．每季度

C．每半年　　D．每年

25．电感耦合等离子体质谱仪维护保养需定期清洗雾室、雾化器、炬管、锥及透镜，一般（　）一次，如果灵敏度降低则需立即清洗。

A．每月　　B．每季度

C．每半年　　D．每年

26．高温设备试验通常指可以在高温下正常运转的设备或运行时能产生很高温度的设备，（　）的设备属于高温设备。

A．$T \geqslant 150$℃　　B．$T \geqslant 250$℃

C．$T \geqslant 350$℃　　D．$T \geqslant 450$℃

27．（　）的设备属于低温设备。

A．$T \leqslant 0℃$　　B．$T \leqslant -10℃$

C．$T \leqslant -20℃$　　D．$T \leqslant -30℃$

28．（　）的设备属于常温设备。

A．$-10 \leqslant T \leqslant 150℃$　　B．$-10 \leqslant T \leqslant 100℃$

C．$-20 \leqslant T \leqslant 150℃$　　D．$-20 \leqslant T \leqslant 100℃$

29．（　）的设备属于中温设备。

A．$100 \leqslant T \leqslant 350℃$　　B．$150 \leqslant T \leqslant 450℃$

C．$150 \leqslant T \leqslant 550℃$　　D．$100 \leqslant T \leqslant 450℃$

30．如果高温设备在使用的过程中发出警报，需要（　）。

A．停止实验，故障解决之后再继续进行

B．加速开展实验，结束后解决故障

C．直接关闭电源

D．继续开展实验，结束后关闭电源

31．部分耐火材料在高温情况下会增强其（　）。

A．易爆性　　B．可燃性

C．耐火性　　D．导电性

32．实验室最常见的特种设备是（　）。

A．压力容器　　B．锅炉

C．起重机械　　D．大型游乐设施

33．高压灭菌锅的安全阀是（　）状态，接通电源加热时放气阀应处于（　）状态。

A．打开　关闭　　B．关闭　打开

C．打开　打开　　D．关闭　关闭

34．实验室试制设备中使用的局部照明灯应采用安全电压，一般不得超过（　）。

A．12V　　B．24V

C．36V　　D．48V

35．试制用电设备使用期（　）时应安装正式线路，短期使用需按照相关规定装置临时线，用后拆除。

A．半个月以上　　B．一个月以上

C．两个月以上　　D．三个月以上

36．仪器设备三级保养主要内容是（　）。

A．清洁、润滑、及时紧固易松动的零件，调整活动部分的间隙，检查零件、部件的完整

B．普遍进行拧紧、清洁、润滑、紧固

C．内部清洁、润滑，局部解体检查和调整

D．对设备主体部分进行解体检查和调整工作，必要时对达到规定磨损限度的零件加以更换

二、多选题

1．让仪器设备在科研工作中（　），是现行实验室管理工作的重中之重。

A．充分发挥作用　　B．提高使用效率

C．提高购置金额　　D．确保使用安全

2．下列哪些仪器属于计量仪器？（　）

A．计数器　　B．天平

C．衡器　　D．量筒

3．下列哪些仪器属于光学仪器？（　）

A．显微镜　　B．光学投影仪

C．光学元配件　　D．色谱仪

4．下列哪些属于样品制备类仪器？（　）

A．灭菌器　　B．分光光度计

C．振荡器　　D．搅拌器

5．下列哪些是玻璃的优良性能？（　）

A．化学稳定性　　B．热稳定性

C．透明度　　D．机械强度

E．绝缘性

6．玻璃仪器的基本操作包括（　）。

A．吸收、干燥、搅拌、破碎、离心

B．蒸馏、冷凝、分馏、蒸发、萃取

C．提纯、过滤、分液、灭菌

D．气体发生、色谱、燃烧、燃烧分析

7．下列哪些玻璃仪器属于过滤器具？（　）

A．分液漏斗　　B．布氏漏斗

C．砂芯漏斗　　D．抽滤瓶

E．容量瓶

8．下列哪些仪器属于玻璃制器皿？（　）。

A．酒精灯　　B．万用表

C．表面皿　　D．研钵

9．下列哪些仪器属于量器类玻璃仪器？（　）

A．烧杯　B．量筒
C．容量瓶　D．移液管
E．滴定管

10．下列哪些仪器属于烧器类玻璃仪器？（　）
A．烧杯　B．量筒
C．容量瓶　D．试管
E．碘量瓶

11．下列哪些物质会腐蚀玻璃？（　）
A．盐酸　B．浓碱液
C．氢氟酸　D．硝酸

12．下列哪几项是诱发安全事故的原因？（　）
A．设备不在安全状态　B．操作不规范
C．工作环境不良　D．体制机制管理不完善

13．对实验室冰箱，下列描述正确的是（　）。
A．应放置在通风良好处
B．实验室工作区内的冰箱禁止存放食物
C．存放传染性病原微生物的冰箱应配备相应的锁具并粘贴警示标识
D．存放易挥发有机试剂的容器必须加盖密封，避免试剂挥发后在箱体内积聚

14．使用冰箱和超低温冰箱时，需注意的是（　）。
A．定期除霜和清洁，清理破碎的玻璃器皿和未标名的物品，清理后要对内表面进行消毒
B．储存在冰箱内的所有容器，应当清楚地标明内装物品的品名、储存日期和储存者的姓名
C．除非有防爆措施，否则冰箱内不能放置易燃溶液，冰箱门上应注明此项
D．可以在冰箱内放置冷冻食品和饮用水

15．下列描述中，在实验室正确安全使用台灯的有（　）。
A．灯泡功率不得超过 5 W　B．不可用纸做灯罩
C．远离可燃物　D．远离易爆物

16．对仪器设备的审查要点主要有（　）。
A．校准/检测证书的合法性　B．量值溯源结果的有效性
C．仪器设备使用记录的完整性　D．仪器维护维修记录真实性

17．使用干燥箱和恒温箱，应注意的事项有（　）。
A．使用前检查电源，要有良好的接地线
B．箱内应保持清洁，否则影响待干燥物品的洁净度

C．塑料、有机玻璃制品的加热温度不能超过 160℃，玻璃制品的温度不能超过 280℃

D．使用温度不能超过干燥箱的最高允许温度，用毕要及时切断电源

18．环科院将大型仪器分为（　）。

A．实验室检测仪器　　B．实验室前处理仪器

C．野外便携式仪器　　D．专业性强的小众仪器

19．大型仪器使用人员在使用前要（　）。

A．充分掌握操作规程的要求　　B．了解仪器正确使用方法和维护要点

C．严格遵守操作规程和交接手续　　D．先付清仪器共享使用费用

20．原子吸收分光光度计需安装于（　）。

A．附近无强电磁场的地方

B．附近无强热辐射源的地方

C．可能会产生剧烈振动的地方

D．避免日光直射、烟尘、污浊气流及水蒸气影响的地方

21．凝胶净化系统包括（　）模块。

A．凝胶渗透色谱　　B．高效凝胶色谱

C．固相萃取部分　　D．蒸发部分

22．建议快速溶剂萃取仪使用（　）溶剂。

A．工业级　　B．分析纯

C．农残级　　D．优级纯

23．实验仪器中用橡胶制成的零部件很多，清洗橡胶件上的油污，可用（　）等作为清洗剂。

A．酒精　　B．四氯化碳

C．稀硝酸　　D．稀盐酸

24．常见的实验室低温设备有（　）等。

A．冷冻干燥机　　B．低温液体容器

C．超低温冰箱　　D．冰箱

25．高压灭菌锅可对（　）等进行消毒灭菌。

A．医疗器械　　B．玻璃器皿

C．溶液　　D．培养基

26．实验室特种设备安全技术档案应当包括（　）。

A．特种设备的设计文件、产品质量合格证明、安装及使用维护保养说明、监督检验证明等相关技术资料和文件

B．特种设备的定期检验和定期自行检查记录

C．特种设备的日常使用状况记录

D．特种设备及其附属仪器仪表的维护保养记录

E．特种设备的运行故障和事故记录

27．试制设备通常指用在新项目产品、新技术研制开发方面的（　）等，规模化生产时可继续使用的仪器设备除外。

A．试验用仪器设备　.　　B．试验装置

C．测试仪器　　D．试用关键设备

28．试制设备一般是根据（　）等需求新开发研制的专用试验仪器设备。

A．价值　　B．科研方向

C．项目　　D．产品

29．为了保证试制设备的安全运行和操作安全，所采取的安全措施一般可分为（　）措施。

A．直接性　　B．间接性

C．指导性　　D．通用性

30．试制设备维护保养的主要目标是（　）。

A．保持设备清洁　　B．润滑良好

C．增加使用价值　　D．安全运行

31．试制设备维护保养依工作量大小和难易程度可分为（　）等。

A．日常保养　　B．一级保养

C．二级保养　　D．三级保养

32．日常保养或例行保养的“10 字作业法”核心内容是（　）。

A．清洁　　B．润滑

C．紧固　　D．调整

E．防腐

三、判断题

1．仪器设备是科研创新能力提升的基础条件，是科研工作顺利进行的重要物资保障，对科研工作成效有着很大影响。（　）

2．环科院将科研仪器设备定义为“与科研活动相关的仪器设备，以及与科研仪器设备配套使用的配件、耗材和软件等货物”。（　）

3．玻璃仪器易碎，用途不广泛。（　）

4．玻璃材质的仪器统称为玻璃仪器。（　）

5．量器类玻璃仪器只用于准确测量液体容积。（　）

6．烧器类玻璃仪器能直接或间接地进行加热。（　）

7．磨口玻璃仪器类具有磨口和磨塞的单元组合。（　）

8．实验中需清洗各种玻璃仪器，时常用到酸性溶液、碱性溶液、有机溶剂等，需注意根据需求选择清洗剂，并且要做好防护。（　）

9．当玻璃仪器壁形成一层均匀的水膜，成股流下时，表示已洗净。（　）

10．用水洗玻璃仪器根据要洗涤的玻璃仪器的性状选择合适的毛刷，如试管刷、烧杯刷、平刷、滴定管刷等。（　）

11．用后的玻璃仪器可攒起来统一清洗。（　）

12．用于有机化学实验或有机分析的玻璃仪器，在洗净后必须进行干燥。（　）

13．组合玻璃仪器不需要分开烘干。（　）

14．体积小又急需干燥的玻璃仪器，可用电吹风机吹干。（　）

15．玻璃量器的烘干温度越高越好。（　）

16．砂芯玻璃滤器及厚壁玻璃仪器烘干时须慢慢升温且温度不可过高，以免烘裂。（　）

17．没有量筒时，可以用烧杯代替量筒量取液体。（　）

18．烧杯加热时不能用火焰直接加热，要垫上石棉网避免受热不匀而引起炸裂。（　）

19．可用烧杯长期盛放化学药品。（　）

20．试管是用于盛放少量药品，常温或加热情况下进行少量试剂反应的容器。（　）

21．试管可用于制取或收集少量气体。（　）

22．拿取块状固体可使其直接坠入试管中。（　）

23．试管不可以直接加热，要先预热。（　）

24．做实验时要爱护仪器设备，同时注意自身的安全，避免发生事故。（　）

25．安全事故处理应本着先人后物的原则，果断地、坚决地快速处置。（　）

26．向浓硫酸中注水会过量放热发生危险。（　）

27．做需要搅拌的实验时，找不到玻璃棒，可以用温度计代替。（　）

28．$SnCl_2$、$FeSO_4$、Na_2SO_3与空气接触易逐渐被氧化，须密封保存。（　）

29．水银温度计摔碎后，正确的处理方法是：洒落出来的汞立即用滴管、毛刷收集起来，并用水覆盖（最好用甘油），然后在污染处撒上硫黄粉，无液体后（一般约一周时间）方可清扫。（　）

30．实验过程中使用恒温水浴锅时，应一次将水加满，避免频繁加水的麻烦。（　）

31．紧急喷淋洗眼装置也可用于生活洗澡、洗脸。（　）

32．使用通风橱时，应拉下通风橱玻璃活动挡板至手肘处，使胸部以上受玻璃视窗所屏护。（　）

33．没有标签标明规格和名称的试剂，在未查明前不能随便使用。（　）

34．同学有需要，可以直接出借实验仪器和药品。（　）

35．破碎的玻璃器皿要戴上厚手套小心地清除，用纸包起来，放在专用利器盒中。（　）

36. 在使用高压灭菌锅、马弗炉等高压加热设备时，必须有人值守。（ ）

37. 对沾染过有毒物质的仪器和用具，实验完毕应立即采取适当方法处理以破坏或消除其毒性。（ ）

38. 可以酌情在烘箱、冰箱等加热、产热设备附近放置纸板、化学试剂、气体钢瓶等物品。（ ）

39. 进入实验室工作，要严格遵守实验室各项规章制度和仪器设备操作规程。（ ）

40. 实验室的设备不一定要标明其名称，大家都认识并会用。（ ）

41. 实验过程中应尽量避免实验仪器在夜间无人看管的情况下连续运转。（ ）

42. 如果必须在夜间使用实验仪器，应严格检查实验仪器的自控装置、漏电保护装置及空气开关等，保证其工作正常。（ ）

43. 加热设备如需开机过夜，须先向管理人员报告，并做好必要的安全防范与应急处置措施。（ ）

44. 在使用高压灭菌锅、烤箱等高压加热设备时，无须有人值守。（ ）

45. 大型仪器设备管理人员须对管理的仪器设备制订详细的操作规程。（ ）

46. 非仪器保管人员经培训后即可使用大型仪器设备。（ ）

47. 如大型仪器设备发生故障或损坏，要做好记录、及时报告，并认真查清原因。（ ）

48. 启动气相色谱仪前应先通上载气。（ ）

49. 在更换气相色谱仪的气瓶和维修管线后不一定要进行检漏。（ ）

50. 仪器使用氢气时均要进行检漏，以防可能造成的火险或爆炸的危险。（ ）

51. 高效液相色谱仪进样瓶内若用了内插管，应注意调节进样针的高度，避免将内插管扎破、进样针扎断。（ ）

52. 使用原子吸收分光光度计实验结束后，需放掉空压机里残留的油水混合物。（ ）

53. 快速溶剂萃取仪是用来从各种固体或半固体样品中平行萃取主要有机化合物的自动仪器。（ ）

54. 快速溶剂萃取仪是通过溶剂温度降低的方式进行加速的，为了确保溶剂在萃取过程中维持液态，萃取池中的溶剂必须承受压力。（ ）

55. 快速溶剂萃取仪可使用工业级溶剂。（ ）

56. ICP-MS 校准曲线的绘制及稀释级别，根据经验来确定，保证校准曲线的合理性。（ ）

57. 非常用大型仪器设备要定期清洁、除尘，定期通电，防止元器件受潮损坏。（ ）

58. 大型仪器的清洗通常有机械清洗方法和化学清洗方法。（ ）

59. 对多年不用或已损坏并无修复价值的仪器设备要主动向上级管理人员通报，经专家组确认后，可酌情按积压或报废仪器设备处理。（ ）

60. 高温设备在每次使用之前都应检查确认设备的线路安全。（ ）

61. 使用高温设备要求在防火实验室或配备有防火设施的实验室内进行，并保持通风。（ ）

62．高温实验可接触水。（　）

63．使用高温装置时，应选用可简便脱除的服装和干燥的、难以吸水的材料做成的手套。（　）

64．各实验室应购买和使用取得许可生产并经特种设备检验机构按照安全技术规范的要求进行监督检验合格的特种设备，对使用的特种设备应当定期维护保养。（　）

65．特种设备安全管理人员应当对特种设备使用状况进行经常性检查，发现问题立即处理。（　）

66．特种设备出现故障或者发生异常情况，应在当次使用结束后，对其进行全面检查，消除事故隐患。（　）

67．高压灭菌锅在灭菌前外桶底部加热部分必须有足够的水，水的高度至少要超过加热块或加热丝。（　）

68．高压灭菌锅在灭菌完毕后可放气减压。（　）

69．高压灭菌锅待灭菌的物品放置不宜过紧，不能堆放或触碰内桶桶壁。（　）

70．实验室应当对特种设备进行经常性维护保养和定期自行检查，并建立安全技术档案。（　）

71．试制设备一般是根据科研方向、项目、产品等需求新开发研制的通用试验仪器设备。（　）

72．直接安全技术措施是在设计设备时，考虑消除机器本身的不安全因素。（　）

73．指导性安全技术措施是在设备上采用和安装各种安全有效的防护装置，消除在使用过程中产生的不安全因素。（　）

74．间接安全技术措施是制订设备安装、使用、维修的安全规定及设置标志，以提示或指导操作程序，从而保证安全作业。（　）

75．试制设备安全防护装置应结构简单、布局合理、无锐利边缘，具有足够的可靠性、强度、刚度、稳定性、耐腐蚀性、抗疲劳性，同时与设备运转连锁，保证在安全防护装置未起作用之前，设备不能运转。（　）

76．紧急停车开关应保证瞬时动作时能终止设备的一切运动。（　）

77．每一台（套）试制设备都需要根据设备本身的设计要求来维护保养。（　）

78．三级保养主要内容是进行清洁、润滑、及时紧固易松动的零件，调整活动部分的间隙，检查零件、部件的完整。（　）

参考答案

一、单选题

1. B 2. A 3. B 4. C 5. D 6. C 7. D 8. A 9. D 10. B 11. C 12. A 13. D 14. B 15. C 16. C 17. C 18. B 19. D 20. A 21. C 22. B 23. C 24. D 25. A 26. D 27. C 28. C 29. B 30. A 31. D 32. A 33. B 34. C 35. A 36. D

二、多选题

1. ABD 2. BCD 3. ABC 4. ACD 5. ABCDE 6. ABD 7. ABCD 8. ACD 9. BCDE 10. ADE 11. BC 12. ABCD 13. ABCD 14. ABC 15. BCD 16. ABCD 17. ABD 18. ABCD 19. ABC 20. ABD 21. ACD 22. BC 23. AB 24. ABC 25. ABCD 26. ABCDE 27. ABCD 28. BCD 29. ABC 30. ABD 31. ABCD 32. ABCDE

三、判断题

1．对　2．对

3．错，利用玻璃的优良性能而制成的仪器，可广泛地应用于各种实验室

4．对

5．错，量器类玻璃仪器用于准确测量或粗略量取液体容积

6．对　7．对　8．对

9．错，当玻璃仪器壁形成一层均匀的水膜，不成股流下时，表示已洗净

10．对

11．错，玻璃仪器应在实验完毕后应清洗干净备用

12．对

13．错，组合玻璃仪器需要分开后烘干，以免因膨胀系数不同而烘裂

14．对

15．错，玻璃量器的烘干温度不宜过高，以免引起体积变化

16．对

17．错，不能用烧杯代替量筒量取液体

18．对

19．错，不可用烧杯长期盛放化学药品，以免落入尘土和使溶液中的水分蒸发

20．对　21．对

22．错，取块状固体放入试管要用镊子，不能使固体直接坠入试管中，防止试管底破裂

23．对　24．对　25．对　26．对

27．错，做需要搅拌的实验时，找不到玻璃棒，不可以用温度计代替

28．对　29．对

30．错，实验过程中长时间使用恒温水浴锅时，应注意及时加水，避免干烧发生危险

31．错，紧急喷淋洗眼装置不是用于生活洗澡、洗脸的，而是在突发险情时全身淋湿、洗眼睛用的

32．对　33．对

34．错，借用实验仪器和药品需遵守相关规定，按程序办理

35．对　36．对　37．对

38．错，不得在烘箱、冰箱等加热、产热设备附近放置纸板、化学试剂、气体钢瓶等物品

39．对

40．错，实验室的药品和设备一定要标明其名称，以免误用

41．对　42．对　43．对

44．错，在使用高压灭菌锅、烤箱等高压加热设备时，必须有人值守

45．对

46．错，需经仪器管理员同意方可使用

47．对　48．对

49．错，在更换气相色谱仪的气瓶和维修管线之后一定要进行检漏

50．对　51．对　52．对　53．对

54．错，快速溶剂萃取仪是通过溶剂温度升高的方式进行加速的，为了确保溶剂在萃取过程中维持液态，萃取池中的溶剂必须承受压力

55．错，快速溶剂萃取仪不可使用工业级溶剂，建议用分析纯或农残级溶剂

56．错，ICP-MS 校准曲线的绘制及稀释级别，根据样品中各待测元素大致的含量来确定，保证校准曲线的合理性

57．对　58．对　59．对　60．对　61．对

62．错，高温实验禁止接触水。如果在高温物体中混入水，水急剧汽化后会发生水蒸气爆炸。高温物质落入水中也会产生大量爆炸性的水蒸气，四处飞溅

63．对　64．对　65．对

66．错，特种设备出现故障或者发生异常情况，应立即停用，特种设备使用单位应当对其进行全面检查，消除事故隐患，方可继续使用

67．对

68．错，高压灭菌锅在灭菌完毕后不可放气减压，须待灭菌器内压力降至与大气压相等后才可开盖

69. 对　　70. 对

71. 错，试制设备一般是根据科研方向、项目、产品等需求新开发研制的专用试验仪器设备

72. 对

73. 错，间接安全技术措施是在设备上采用和安装各种安全有效的防护装置，消除在使用过程中产生的不安全因素

74. 错，指导性安全技术措施是制订设备安装、使用、维修的安全规定及设置标志，以提示或指导操作程序，从而保证安全作业

75. 对　　76. 对　　77. 对

78. 错，日常保养主要内容是进行清洁、润滑、及时紧固易松动的零件，调整活动部分的间隙，检查零件、部件的完整

第五章　实验室气瓶安全

一、单选题

1．充装惰性气体的钢瓶的检验周期是（　）。

A．三个月　　B．一年

C．两年　　D．五年

2．充装腐蚀性气体的钢瓶的检验周期是（　）。

A．三个月　　B．一年

C．两年　　D．五年

3．我国气体钢瓶常用的颜色标记中，氮气的瓶身颜色和标字颜色分别是（　）。

A．黑色、蓝色　　B．黄色、黑色

C．黑色、黄色　　D．蓝色、黑色

4．实验室高压气瓶摆放应（　）。

A．气瓶直立　　B．气瓶直立固定

C．气瓶平放　　D．气瓶平放固定

5．我国气体钢瓶常用的颜色标记中，乙炔的瓶身颜色和标字颜色分别是（　）。

A．黑色、蓝色　　B．黄色、黑色

C．白色、大红色　　D．蓝色、黑色

6．氮气是一种无色无味的气体，化学性质不活泼，常温下很难跟其他物质发生反应，所以常被用来制作（　）。

A．防腐剂　　B．催化剂

C．润滑剂　　D．指示剂

7．有关气体钢瓶的正确使用和操作，以下说法中不正确的是（　）。

A．各种压力表可通用

B．不可把气瓶内的气体用光，以防重新充气时发生危险

C．可燃性气瓶应与氧气瓶分开存放

D．检查减压阀是否关紧，方法是逆时针旋转调压手柄至螺旋杆松动为止

8．下列属于稀有气体的是（　）。

A．氢气　　B．氧气

C．氩气　　D．氮气

9．下列不属于稀有气体的是（　）。

A．氦气　　B．氖气

C．氩气　　D．氮气

10．稀有气体气瓶的外表颜色是（　）。

A．大红色　　B．绿色

C．黑色　　D．银灰色

11．稀有气体气瓶的字体颜色是（　）。

A．大红色　　B．深绿色

C．黑色　　D．白色

12．下列不属于稀有气体性质的是（　）。

A．无色　　B．无味

C．无臭　　D．刺激性气味

13．氧气气体瓶的外表颜色是（　）。

A．大红色　　B．绿色

C．蓝色　　D．黑色

14．氧气气体瓶的字体颜色是（　）。

A．红色　　B．白色

C．蓝色　　D．黑色

15．下列属于有毒气体的是（　）。

A．二氧化碳　　B．氢气

C．氮气　　D．氰化氢

16．氨气气体瓶的外表颜色是（　）。

A．大红色　　B．淡黄色

C．粉色　　D．黑色

17．氨气气体瓶的字体颜色是（　）。

A．红色　　B．银灰色

C．白色　　D．黑色

18．氯气气体瓶的外表颜色是（　）。

A．红色　　B．银灰色

C．深绿色　　D．黑色

19．氯气气体瓶的字体颜色是（ ）。

A．红色　B．银灰色

C．白色　D．黑色

20．下列哪些气体混放可引起爆炸？（ ）

A．氮气和氧气　B．氢气和氧气

C．氧气和氩气　D．氦气和氮气

21．在实验室气瓶安全使用要点中，下列描述正确的是（ ）。

A．为避免浪费，每次应尽量将气瓶内的气体用完

B．为了省力，可以将气瓶在地面上滚动运输

C．专瓶专用，不擅自更改气瓶钢印和颜色标记

D．关闭瓶阀时，可以用长柄螺纹扳手加紧，以防泄漏

22．混合气体瓶的瓶体颜色均为（ ）。

A．红色　B．银灰色

C．白色　D．黑色

23．混合气体瓶既具有毒性且又有氧化性时，头色上部为（ ），下部为（ ）。

A．大红色　浅绿色　B．乳白色　墨绿色

C．淡黄色，淡蓝色　D．黑色　浅灰色

24．混合气体瓶既具有可燃性且又有毒性时，头色上部为（ ），下部为（ ）。

A．淡紫色　淡蓝色　B．淡蓝色　浅绿色

C．浅绿色　淡黄色　D．大红色　淡黄色

二、多选题

1．气瓶的种类和分类方法主要有（ ）。

A．按瓶内气体的危险性分类　B．按盛装介质的物理状态分类

C．按制造方法等进行分类　D．按用途分类

2．按照气体危险性分类，气瓶可分为（ ）。

A．易燃气体瓶　B．非易燃无毒气体瓶

C．毒性气体瓶　D．惰性气体瓶

3．下列属于易燃气体的有（ ）。

A．氢气　B．乙炔

C．甲烷　D．氮气

4．非易燃无毒气体瓶有（ ）。

A．氮气　B．稀有气体

C．二氧化碳　D．氧气

5．非易燃无毒气体瓶主要包括（　）。

A．窒息性气体瓶　B．氧化性气体瓶

C．惰性气体瓶　D．不属于其他项别的气体，如氮气、氩气等

6．毒性气体瓶主要有（　）。

A．氯气　B．一氧化碳

C．氨气　D．二氧化碳

7．按盛装介质的物理状态分类，气瓶可分为（　）。

A．永久性气体气瓶　B．液化气体气瓶

C．溶解气体气瓶　D．惰性气体气瓶

8．按制造方法分类，气瓶可分为（　）。

A．焊接气瓶　B．管制气瓶

C．冲拔拉伸制气瓶　D．缠绕式气瓶

9．气瓶的颜色标记包括气瓶的（　）。

A．外表面颜色　B．文字的颜色

C．色环的颜色　D．阀门的颜色

10．气瓶本身涂抹颜色的目的是（　）。

A．可以通过特征颜色识别瓶内气体的种类　B．防止锈蚀

C．美观　D．生产厂家的标识

11．气瓶的钢印标记有（　）。

A．制造钢印标记　B．钢印标记

C．生产厂商标记　D．材质标记

12．气瓶因瓶内盛装气体性质不同而具有不同的危险性，如（　）。

A．物理爆炸性　B．化学活泼性

C．可燃性　D．扩散性

13．下列属于物理性爆炸的是（　）。

A．液化气体在运输过程中受外力作用撞击导致爆炸

B．气瓶因管路堵塞而发生爆炸，只是形状发生改变

C．压缩气体受热膨胀发生气瓶爆炸

D．易燃气体的火灾引起气瓶爆炸

14．属于气体的化学性质爆炸的有（　）。

A．乙炔、乙烯与氯气混合遇日光会发生爆炸

B．液态氧与有机物接触能发生爆炸

C．压缩氧与油脂接触能发生自燃

D．压缩气体受热膨胀发生气瓶爆炸

15．下列属于气体扩散性而引起爆炸的有（　）。

A．比空气轻的易燃气体逸散在空气中可以很快地扩散，一旦发生火灾会造成火焰迅速蔓延

B．比空气重的易燃气体泄漏出来，往往漂浮于地面或房间死角中，长时间积聚不散，一旦遇到明火，易导致燃烧爆炸

C．有毒气体的泄漏

D．惰性气体的泄漏

16．稀有气体气瓶外表为银灰色，字体颜色为深绿色，下列属于稀有气体的有（　）。

A．氦气　　B．氖气

C．氩气　　D．氪气

17．稀有气体的主要性质有（　）。

A 无色、无味、无臭，常温下为气态的惰性气体

B．临界温度最低，是最难液化的气体，极不活泼，不能燃烧也不助燃

C．常填充成高压来使用，因而也要遵守使用高压气体一般应注意的事项，谨慎地进行处理

D．用量大时，要注意室内通风，避免在密闭的室内使用，以防引起窒息

18．使用氧气气瓶的主要注意事项包括（　）。

A．运输和存储期间不得暴晒，不能与易燃气体气瓶混装、并放

B．与氢气等可燃性气体的气瓶间距不应小于 20 m

C．使用标明“禁油”的氧气专用压力计

D．连接部位禁止使用可燃性的衬垫

19．使用毒气气瓶，应具备足够的知识：（　）。

A．要准备好防毒面具，对于防毒设备或躲避之类措施，也要考虑周全

B．要在通风良好的地方使用，并经常检测有无毒气泄漏滞留

C．把毒气排入大气中时，要将它转化成完全无毒的物质后再排放

D．毒气会腐蚀气瓶，使其容易生锈、机械强度降低，故必须十分注意加强气瓶的保养

E．毒气气瓶长期贮存会发生破裂，此时要把它交给专业机构回收处理

20．使用氨气气瓶，主要注意事项为（　）。

A．应注意通风　　B．要注意防止冻伤

C．可在允许洒水的地方使用及贮藏　　D．气瓶间禁止剧烈碰撞。

21．使用氯气气瓶，主要注意事项为（　）。

A．应在通风良好的地点或通风橱内进行

B．调节器等应是专用的器械

C．如果氯气中混入水分，就会使设备严重腐蚀，因此每次使用都要去除水分

D．充气 6 个月以上的氯气气瓶，不宜继续存放

22．混合气体按其主要危险特性分为（ ）。

A．可燃性　　B．毒性（含腐蚀性）

C．氧化性　　D．一般性

23．混合气体主要危险特性的颜色表示描述正确的有（ ）。

A．可燃性用大红色表示　　B．毒性用淡黄色表示

C．氧化性用淡蓝色表示　　D．不燃性用深绿色表示

24．气体到货后应检查（ ）。

A．外观颜色、字样和色环；各部件是否完整无损

B．气瓶肩部钢印、标记及生产日期

C．产品合格证和明显的警示标志

D．是否配备气瓶钢帽、防震圈和手轮

E．是否漏气

25．气瓶在使用过程中的注意事项有（ ）。

A．发现有严重腐蚀、损伤或对其安全可靠性有怀疑时，应提前进行检验

B．库存和停用时间超过一个检验周期的气瓶，启用前应进行检验

C．气瓶检验单位对要检验的气瓶逐只进行检验，并按规定出具检验报告

D．未经检验或检验不合格的气瓶不得使用

26．关于各类气瓶的检验周期，下列说法正确的是（ ）。

A．盛装腐蚀性气体的气瓶，每两年检验一次

B．盛装一般气体的气瓶，每三年检验一次

C．液化石油气瓶，使用不超过 20 年的，每 5 年检验一次，超过 20 年的，每 2 年检验一次

D．盛装惰性气体的气瓶，每 5 年检验一次

27．环科院气瓶使用的安全责任，下列描述正确的有（ ）。

A. 环科院各二级单位负责监督本单位对气瓶供应商和气瓶充装单位的资质审验工作，按时统计使用变化情况

B．各二级单位的主要负责人是本二级单位的气瓶安全的第一责任人

C．各二级单位负责监督和落实本单位气瓶安全管理责任制度，有针对性地制订应急预案措施

D．各二级单位负责制订气瓶相关的安全管理制度和操作规程，对具体使用人员进行使用培训和安全教育等工作

28．储存气瓶应符合下列规定：（ ）。

A．旋紧瓶帽，放置整齐，留有通道，妥善固定

B．气瓶卧放应防止滚动，头部朝向一方

C．不同气瓶要按规定分类存放，并保证安全距离

D．空瓶和实瓶要分开，并做好标记

三、判断题

1．氢气气瓶外表颜色为浅绿色，字的颜色为大红色。（ ）

2．乙炔气瓶外表颜色为白色，字的颜色为大红色。（ ）

3．贮存于气瓶内压力较高的压缩气体或液化气体，受热膨胀压力升高，当超过气瓶的耐压强度时，即会发生气瓶爆炸。（ ）

4．易燃气体遇火源能燃烧，与空气混合到一定浓度会发生爆炸。爆炸极限宽的气体的火灾、爆炸危险性更大，如氢气瓶泄漏遇火燃烧而发生的爆炸。（ ）

5．乙炔非常易燃，且燃烧温度很高，有时还会发生分解爆炸。（ ）

6．乙炔与空气混合时的爆炸范围是含乙炔 2.5%～80.5%（体积分数），危险性程度较低。（ ）

7．要把贮存乙炔的容器置于通风良好的地方，要严禁烟火，注意防止漏气。（ ）

8．在使用、贮存过程中，可以直立存放，也可放倒存放。（ ）

9．应经常性检查用气情况是否正常，防止漏气。可用肥皂水之类东西进行试漏检查。（ ）

10．氢气气瓶注意不可与氧气瓶一起存放。（ ）

11．易燃性气体的操作地点要使用防爆型的电气设备，并设法除去其静电荷，以防因火花等而引起着火爆炸。（ ）

12．在使用可燃性气体之前及用后，须用不活泼气体赶走残留在实验装置及管路内的可燃性气体。（ ）

13．使用氢气时，若从气瓶急剧地放出氢气，即使没有火源存在，有时也会着火。（ ）

14．打开氢气气瓶时应缓慢进行，更不可使氢气靠近火源，操作地点要严禁烟火。（ ）

15．氢气与空气混合物的爆炸范围很宽，当含氢气 4.0%～75.6%（体积分数）时，遇火即会爆炸。（ ）

16．氢气要在通风良好的地方使用，或者可考虑用导管尽量把室内气体排到大气中。（ ）

17．氧气瓶瓶嘴、减压阀及焊枪上均不得有油污，否则高压氧气喷出后会引起自燃。（ ）

18．在器械、器具及管道中，常常会积有油分，若不把它清除掉，接触氧气时是很危险的。（ ）

19．将氧气排放到大气中时，要确认在其附近不会引起火灾等危险后，才可排放。（ ）

20．氮气是一种无色无味的气体，氮气的化学性质很活泼，常温下容易跟其他物质发生反应。（ ）

21．混合气体的一般性即为不燃、不助燃、非氧化、无毒和惰性的泛称。混合气体的危险特性可以为单一，也可以是多种。（ ）

22．气瓶使用前应进行安全状况检查。（ ）

23．气瓶投入使用后，不得对瓶体进行挖补焊接修理，严禁敲击、碰撞，应经常检查瓶阀及连接处是否有漏气。（ ）

24．高压气瓶开阀宜缓，不必经减压阀放气。（ ）

25．实验结束后，直接关闭气体气瓶总阀。（ ）

26．可以自行处理气瓶内的残液。（ ）

27．操作易燃易爆性气体气瓶时，应配备专用工具，并严禁与油类接触。（ ）

28．可燃性气体和助燃气体的气瓶不得靠近明火，离热源很近时应做好个人防护。（ ）

29．对已损坏的压力气瓶应及时更换。如遇气体泄漏，须采取相应的安全防护和应急处理措施。（ ）

30．购买的气瓶需要报废的，直接进行废品回收即可。（ ）

31．单位和个人根据需要可私自接收或转让气瓶。（ ）

32．使用气瓶必须做到专瓶专用，不得私自改变充装介质，造成气体混装。（ ）

33．气瓶的定期检验，应由检验资格的专门单位负责进行。未取得资格的单位和个人，不得从事气瓶的检验。（ ）

34．搬运气瓶一般用气瓶推车，在没有推车的情况下，可在地上滚动或垂直转动。同时应装上防震圈、旋紧安全帽，以保护开关阀。（ ）

35．环科院中韩联合实验中心使用氮气、氦气、氩气、空气、氧气必须放置在气瓶专用贮存空间，气瓶存放数量应符合安全规定。（ ）

36．使用大量气瓶的实验室，要设置符合要求的集中存放室，并要根据气体性质采取必要的防火、防电打火、防辐射等措施。（ ）

37．实验室原则上以氢气发生器代替氢气瓶。其他盛装易燃易爆或有毒气体的气瓶均可以放置在室内。（ ）

38．环科院实验室盛装易燃易爆或有毒气体的气瓶确因条件限制不能放置在室外的，气瓶必须存放在具有防爆及强排风装置的气瓶柜中，安装可燃气体探测器与报警装置，由专业公司进行安全评估、二级单位负责人审核同意、报检测中心备案后方可使用。（ ）

39．存放气瓶气体管线应整齐有序，对于小瓶装的特殊气体，也可以引气体管线。（ ）

40．气瓶放置应整齐，必须配备安全帽，有明确的安全标识和使用状态标识，定期检查气体泄漏，并配置固定装置。（ ）

41．每间实验室内存放氧气和可燃气体不超过 3 瓶，附近应配备防毒用具和灭火器

材。（　）

42．可燃性气体和助燃气体或高温高压、带电设备混放时应有明显的标识。（　）

43．盛装易起聚合反应或分解反应的气瓶，必须根据气体的性质控制实验室内的最高温度，并应避开各种放射源。（　）

44．有毒气体气瓶应单独存放，并设置毒气侦测装置或安装气体监控报警装置。（　）

45．存有大量惰性气体气瓶或液氮、二氧化碳气瓶的较小密闭空间，需加装氧浓度报警器。（　）

46．气瓶与其他危险化学品不得随意混放。（　）

47．气瓶应按其所装气体种类分开存放，并做好有关标记。（　）

48．满瓶与空瓶应分开存放及张贴合格标贴，满瓶存放时应按照“先存放先使用”的原则。（　）

49．过期气体也可以用来使用，不影响实验。（　）

50．乙炔钢瓶压力不足时，可以通过敲击或振动提高气瓶内压力。（　）

51．气体钢瓶的危险性主要来源于瓶内充装的气体种类。（　）

52．按照气体的理化性质，气体一般可分为活泼气体、惰性气体、有毒气体三大类。（　）

53．氢气钢瓶的颜色是蓝色的。（　）

54．惰性气体在实验室使用时只需做好钢瓶的固定即可保证安全。（　）

55．氧气瓶的外表颜色是绿色。（　）

56．对使用气体钢瓶的实验室，应贴有明显标志。（　）

57．高压钢瓶使用完毕后，应先关闭总阀再关闭减压阀。（　）

58．使用高压气瓶时必须得用减压阀，相同规格的气瓶减压阀可以混用。（　）

59．只要耐压标准相同，可以根据需要向实验室中的气瓶充装其他种类的气体。（　）

60．气体钢瓶存放时要注意分类保管，直立固定。（　）

61．气瓶必须连接压力调节器，经压力调节后方可使用。（　）

62．易燃易爆气体和助燃气体钢瓶存放在一起时应远离火源和热源。（　）

63．在实验室使用气瓶时，必须用铁链或气瓶架固定好，以防倾倒引起安全事故。（　）

64．气瓶使用时不应用尽余气，应保持瓶内压力在 0.2MPa 以上。（　）

65．气瓶存放区应保持畅通，只有相关的人员可以出入。（　）

66．搬运气瓶时，操作人员的工作服、手套、装卸工具上不应有油污。（　）

67．接收气瓶时须明确其颜色和标签，并且无漏气现象。（　）

68．混合气体气瓶头部以外的部分为瓶体，瓶体所涂敷的颜色为体色。（　）

69．铝制金质气瓶、不锈钢气瓶盛装混合气体，需涂敷体色。（　）

70．混合气体气瓶的瓶阀保持金属本色或产品原涂敷的颜色，不进行涂色。（　）

71．混合气体气瓶的瓶色分为头色和体色。头色是指气瓶的头部所涂敷颜色。（　）

72．气瓶的头部分为瓶头和瓶颈两部分。（ ）

73．混合气体的为单一危险特性时，头色为单一颜色。（ ）

74．混合气体危险特性是两种时，按头部长度平分为上、下两部分，均涂敷一种颜色。（ ）

参考答案

一、单选题

1．D 2．B 3．C 4．B 5．C 6．A 7．A 8．C 9．D 10．D 11．B 12．D 13．C 14．D 15．D 16．B 17．D 18．C 19．C 20．B 21．B 22．B 23．C 24．D

二、多选题

1．ABC 2．ABC 3．ABC 4．ABCD 5．ABD 6．ABC 7．ABC 8．ABCD 9．ABC 10．AB 11．AB 12．ABCD 13．ABC 14．ABC 15．AB 16．ABCD 17．ABCD 18．ABCD 19．ABCDE 20．ABCD 21．ABCD 22．ABCD 23．ABCD 24．ABCDE 25．ABCD 26．ABCD 27．ABCD 28．ABCD

三、判断题

1．对 2．对 3．对 4．对 5．对

6．错，危险性程度较高

7．对

8．错，在使用、贮存过程中，可以直立存放，但不可以放倒存放

9．对 10．对 11．对 12．对 13．对 14．对 15．对

16．对 17．对 18．对 19．对

20．错，氮气的化学性质不活泼，常温下不容易跟其他物质发生反应

21．对 22．对 23．对

24．错，高压气瓶开阀宜缓，放气时必须经减压阀

25．错，实验结束后，应先关减压阀后关闭气体气瓶总阀

26．错，气瓶内的残液不可自行处理

27．对

28．错，可燃性气体和助燃气体的气瓶不得靠近明火，也不可靠近热源

29．对

30．错，购买的气瓶需要报废的，应由专门机构回收

31．错，任何单位和个人都不可私自接收或转让气瓶

32．对　33．对

34．错，搬运气瓶时不可以在地上滚动

35．对　36．对

37．错，盛装易燃易爆或有毒气体的气瓶均应放置在室外

38．对

39．错，对于小瓶装的特殊气体，不可引气体管线

40．对

41．错，每间实验室内存放氧气和可燃气体不超过 2 瓶

42．错，可燃性气体绝对不可以和助燃气体或高温高压、带电设备混放

43．对　44．对　45．对　46．对　47．对　48．对

49．错，过期气体不可以使用

50．错，所有气体钢瓶压力不足时，都不可以通过敲击或振动提高气瓶内压力

51．错，气体钢瓶的危险性主要来源于瓶内充装的气体性质、是否远离热源、易燃易爆气体和助燃性气体是否分开存放等诸多因素

52．错，按照气体的理化性质，气体一般可分为易燃气体、不燃无毒气体、有毒气体三类

53．错，氢气钢瓶的颜色是绿色的

54．错，为保证安全，惰性气体在实验室使用时不是只须做好钢瓶的固定，还须注意是否远离热源等，以避免发生物理爆炸

55．错，氧气瓶的外表颜色是蓝色

56．对　57．对

58．错，气瓶减压阀不可以混用

59．错，气瓶应专瓶专用，不可以向实验室中的气瓶充装其他种类的气体

60．对　61．对

62．错，易燃易爆气体不可与助燃气体钢瓶存放在一起，并且应远离火源和热源

63．对　64．对　65．对　66．对　67．对　68．对　69．对

70．错，铝制金质气瓶、不锈钢气瓶盛装混合气体，不涂敷体色而保持金属本色

71．对

72．错，气瓶的头部由瓶颈和瓶肩两部分组成

73．对

74．错，上、下两部分各涂敷一种颜色

第六章　危险化学品安全

一、单选题

1. 为保障安全，须贮存于煤油中的金属是（　）。

A．钠　　B．铝

C．铁　　D．铜

2. 现行《危险化学品目录》最新版本是（　）。

A．2002 版　　B．2009 版

C．2015 版　　D．2020 版

3. 下列哪些部门不属于危险化学品的管理部门？（　）

A．安全生产监督管理部门　　B．公安机关

C．环境保护主管部门　　D．教育部门

4. 环科院危险化学品的分级责任管理体系架构是（　）。

A．环科院实验室危险化学品统一管理人员—二级单位实验室危险化学品管理人员—实验室负责人的层级体系

B．二级单位实验室危险化学品管理人员—实验室负责人的层级体系

C. 检测中心实验室危险化学品统一管理人员—二级单位实验室危险化学品管理人员—实验室负责人的层级体系

D．环科院实验室危险化学品统一管理人员—二级单位实验室危险化学品管理人员

5. 环科院各实验室建立危险化学品使用安全责任制，（　）负责本单位实验室危险化学品的安全管理工作。

A．各二级单位负责人　　B．各二级单位实验室负责人

C．检测中心负责人　　D．各实验室负责人

6. 危险化学品应按（　），在满足储存技术要求的专用储存柜分类存放。

A．化学性质　　B．供货商

C．购买日期　　D．物理形态

7．易制爆危险化学品库应（　）进行盘库。

A．每周　　B．每月

C．每季度　　D．每半年

8．实验过程中，危险化学品的盛装容器或包装物应选用与其（　）相适应的安全材质。

A．危险特性　　B．物理形态

C．性质用途　　D．化学品安全技术说明书

9．危险化学品的容器或包装物应有清晰的（　）。

A．联系人信息　　B．化学品安全技术说明书

C．用途性质　　D．标识或标签

10．涉及有毒、有害、有气味化合物的实验须在（　）进行。

A．实验室内　　B．前处理实验室内

C．通风柜中　　D．工作正常的通风柜中

11．环科院实验室剧毒化学品储存在（　）。

A．剧毒化学品库　　B．易制爆危险化学品库

C．易制毒化学品库　　D．实验室危险化学品柜

12．环科院实验室易制爆危险化学品储存在（　）。

A．剧毒化学品库　　B．易制爆危险化学品库

C．易制毒化学品库　　D．实验室危险化学品柜

13．剧毒化学品库应设（　）名管理员。

A．1　　B．2

C．3　　D．4

14．易制爆危险化学品库应设（　）名管理员。

A．1　　B．2

C．3　　D．4

15．除易制爆危险化学品库房管理员开展正常工作外，其他情况进入库房需经批准，并填写（　）。

A．危化品库台账　　B．危险化学品领用登记表

C．出入登记表　　D．危险化学品领用申请表

16．值守人员应对剧毒化学品库周边及监控设施每（　）小时开展安全巡查。

A．4　　B．3

C．2　　D．1

17．值守人员应对易制爆危险化学品库周边及监控设施每（　）小时开展安全巡查。

A．4　　B．3

C．2　　D．1

18．外来人员进入剧毒化学品库监控室应填写（ ）。

A．出入登记表　　B．危险化学品领用登记表

C．进入申请表　　D．危险化学品领用申请表

19．外来人员进入易制爆危险化学品库监控室应填写（ ）。

A．出入登记表　　B．危险化学品领用登记表

C．进入申请表　　D．危险化学品领用申请表

20．易制毒化学品采购前需经公安部门批准后办理（ ）。

A．危险化学品购买许可证　　B．易制毒化学品购买许可证

C．危险化学品购买备案证明　　D．易制毒化学品购买备案证明

21．剧毒化学品入库前须经（ ）人验收。

A．1　　B．2

C．3　　D．4

22．易制爆危险化学品入库前须经（ ）人验收。

A．1　　B．2

C．3　　D．4

23．环科院建立剧毒化学品安全检查制度，安全主管负责人组织相关责任单位，（ ）对剧毒化学品库开展安全检查。

A．每月　　B．每半年

C．每季度　　D．每年

24．环科院建立易制爆危化品安全检查制度，安全主管负责人组织相关责任单位，（ ）对易制爆危化品库开展安全检查。

A．每月　　B．每半年

C．每季度　　D．每年

25．环科院制订剧毒化学品和易制爆危险化学品事故应急处置预案，明示处置流程和报警电话，（ ）开展针对性应急演练。

A．每月　　B．每半年

C．每季度　　D．每年

26．使用剧毒化学品开展实验时，应严格执行（ ）人使用的要求，做好实验室通风换气和人员防护。

A．1　　B．2

C．3　　D．4

27．须避光保存的危险化学品及其所配制的试剂，均应按要求用（ ）容器（瓶）保存，或用深色纸包裹。

A．白色　　B．红色

C. 棕色　　　　D. 透明

28. 爆炸物品不准和其他类物品同时储存，必须单独隔离限量储存在库内温度低于（　）的条件下。

A. 25℃　　　　B. 40℃

C. 30℃　　　　D. 35℃

29. 受日光照射能发生化学反应引起燃烧、爆炸、分解、化合或能产生有毒气体的危险化学品应储存在室内，包装采取（　）措施。

A. 避光　　　　B. 防火

C. 防潮　　　　D. 防爆

30. 下列哪些药品没有强挥发性？（　）

A. 甲酸　　　　B. 乙酸

C. 硫酸　　　　D. 盐酸

31. 易挥发的溴素储存库温需保持在（　）以下。

A. 25℃　　　　B. 28℃

C. 30℃　　　　D. 32℃

32. 易分解的过氧化氢溶液储存库温需保持在（　）以下。

A. 30℃　　　　B. 32℃

C. 25℃　　　　D. 28℃

33. 下列哪个药品密度高于水？（　）

A. 硫酸　　　　B. 乙醇

C. 甲酸　　　　D. 乙醚

34. 甲醛易聚合，开瓶后可适量加入（　）。

A. 甲酸　　　　B. 甲醇

C. 乙酸　　　　D. 乙醇

35. 乙醛易聚合，开瓶后可适量加入（　）。

A. 甲酸　　　　B. 甲醇

C. 乙酸　　　　D. 乙醇

36. 二硫化碳中加一点（　），可长期保存。

A. 煤油　　　　B. 植物油

C. 水　　　　D. 硫酸

37. 浓硫酸临时使用可暂时存放至（　）中。

A. 广口瓶　　　　B. 塑料瓶

C. 磨口瓶　　　　D. 容量瓶

38. 危险化学品管理方面，邮政管理部门负责（　）。

A．依法查处寄递危险化学品的行为

B．发现危险化学品事故隐患

C．对危险化学品水路运输安全实施监督

D．危险化学品道路运输许可

39．（　）负责核发剧毒化学品购买许可证。

A．安全生产监督管理部门　　B．公安机关

C．生态环境主管部门　　D．交通运输主管部门

40．（　）负责核发危险化学品经营许可证。

A．安全生产监督管理部门　　B．公安机关

C．生态环境主管部门　　D．交通运输主管部门

41．（　）负责危险化学品运输车辆的道路交通安全管理。

A．安全生产监督管理部门　　B．公安机关

C．生态环境主管部门　　D．交通运输主管部门

42．（　）负责危险化学品毒性鉴定的管理。

A．安全生产监督管理部门　　B．公安机关

C．卫生主管部门　　D．交通运输主管部门

43．（　）负责危险化学品运输工具的安全管理。

A．安全生产监督管理部门　　B．公安机关

C．卫生主管部门　　D．交通运输主管部门

44．（　）负责危险化学品道路运输企业驾驶人员的资格认定。

A．安全生产监督管理部门　　B．公安机关

C．卫生主管部门　　D．交通运输主管部门

45．《危险化学品安全管理条例》（国务院令　第591号）是（　）年发布的。

A．2011　　B．2012

C．2013　　D．2014

46．重铬酸钾洗液失效时的颜色是（　）。

A．红色　　B．绿色

C．无色　　D．黄色

47．砒霜的成分是（　）。

A．砷酸钠　　B．三氧化砷

C．三氧化二砷　　D．五氧化二砷

48．氯气和一氧化碳作用生成的光气毒性比氯气（　）。

A．大　　B．小

C．一样　　D．不确定

49．危险化学品的急性毒性中 LD_{50} 的单位是（ ）。

A．mg/kg B．g/kg

C．ml/kg D．ml/g

50．作为去除氯气的吸收剂，效率最高的是（ ）。

A．氯化钠 B．氢氧化钠

C．氯化钙 D．硫代硫酸钠

51．下列哪种物质易发生爆炸？（ ）

A．氯化锌 B．氧化铁

C．三硝基甲苯 D．四氯化碳

52．化学实验室原则上不允许使用的加热热源是（ ）。

A．水浴、蒸汽浴 B．油浴、沙浴

C．明火电炉 D．电热板

53．在易燃易爆场所不可以穿（ ）。

A．布鞋 B．胶鞋

C．带钉鞋 D．运动鞋

54．下列不属于剧毒化学品的是（ ）。

A．甲苯 B．氰化钾

C．氯化汞 D．氧化汞

55．HCN 具有什么气味？（ ）

A．无味 B．臭鸡蛋味

C．芳香味 D．苦杏仁味

56．HCN 具有什么颜色？（ ）

A．红色 B．绿色

C．无色 D．黄色

57．氯仿的毒性级别是（ ）。

A．中等 B．低毒

C．高毒 D．剧毒

58．甲醛的毒性级别是（ ）。

A．微毒 B．低毒

C．中等 D．高毒

59．乙醇的毒性级别是（ ）。

A．微毒 B．低毒

C．中等 D．高毒

60．甲醇的毒性级别是（ ）。

A．微毒　　B．低毒
C．中等　　D．高毒

61．甲苯的毒性级别是（　）。

A．微毒　　B．低毒
C．中等　　D．高毒

62．苯的毒性级别是（　）。

A．微毒　　B．低毒
C．中等　　D．高毒

63．以下药品按毒性从小到大排序正确的是（　）。

A．丙酮、甲苯、甲醛、苯　　B．甲苯、丙酮、甲醛、苯
C．丙酮、甲苯、苯、甲醛　　D．甲苯、甲醛、丙酮、苯

64．实验室常用溶剂应如何存放？（　）

A．按生产厂家分开存放　　B．按生产日期存放
C．按药品类别分开存放　　D．按字母顺序存放

65．下列哪种物质与乙醇混溶时容易发生爆炸？（　）

A．高氯酸　　B．乙醚
C．纯水　　D．丙酮

66．以下药品受震或受热可能发生爆炸的是（　）。

A．高氯酸　　B．过氧化氢
C．乙炔铜　　D．以上都是

67．氮氧化物主要伤害人体的（　）。

A．眼睛　　B．呼吸道深部的细支气管、肺泡
C．皮肤　　D．消化道

68．下列哪种药品（试剂）在使用时不用注意干燥防潮？（　）

A．二氧化硅　　B．锂
C．碳化钙　　D．磷化钙

69．下列物质对震动敏感的是（　）。

A．硫酸钡　　B．硫黄
C．硝酸钠　　D．白磷

70．蒸馏沸点低于80℃有机化合物时，应采取哪种方法加热？（　）

A．酒精灯　　B．电炉
C．水浴　　D．砂浴

71．（　）吸入后与血红蛋白反应会造成身体组织缺氧。

A．氮气　　B．一氧化碳

C．氧气　　　　D．二氧化碳

72．酒精灯内的酒精量最多可加至容器的（　）。

A．全满　　　　B．四分之三

C．一半　　　　D．三分之二

二、多选题

1．下列哪些属于剧毒化学品？（　）

A．氰化钾　　　　B．三氯甲烷

C．氯化汞　　　　D．氧化汞

2．下列属于危险化学品的性质的是（　）

A．毒害　　　　B．腐蚀

C．爆炸　　　　D．燃烧、助燃

3．剧毒化学品是指（　）。

A．具有剧烈急性毒性危害、列入《危险化学品目录（2015 版）》的化学品

B．人工合成的化学品及其混合物

C．具有急性毒性易造成公共安全危害的化学品

D．用于制造剧毒物品的化学品

E．天然毒素

4．GHS 危险性公示要素包括（　）。

A．图形符号　　　　B．警示词

C．危险性说明　　　　D．防范说明

E．标签内容和分配　　　　F．化学品安全技术说明书（MSDS）

5．下列属于危险化学品的管理部门的是（　）。

A．安全生产监督管理部门　　　　B．公安机关

C．生态环境主管部门　　　　D．交通运输主管部门

6．实验室危险化学品的安全管理工作主要内容包括（　）。

A．加强实验人员安全教育，督促实验人员安全规范操作

B．管理危险化学品的计划报批、购买申请、验货、记录、编号、贴签、协助危险化学品管理员入库

C．制订并张贴涉及危险化学品的安全操作规程和应急措施，配备必要的安全防护措施和应急装备

D．易制爆危险化学品库房巡更培训

7．根据危险物品的种类和性质，应设置哪些安全防护措施？（　）

A．通风
B．防火
C．防水
D．防爆
E．防盗
F．防腐蚀

8．危险化学品实验操作人员应熟悉所使用危险化学品的（　），安全使用、安全操作，及时做好实验记录，做好个人安全防护。

A．化学性质
B．安全防护措施
C．操作规程
D．化学品安全技术说明书（MSDS）

9．环科院剧毒化学品实行（　）管理。

A．双人保管
B．双人领取
C．双人使用
D．双把锁
E．双本账

10．环科院易制爆危险化学品实行（　）管理。

A．双人保管
B．双人领取
C．双人使用
D．双把锁
E．双本账

11．库存剧毒化学品应做到（　）。

A．账目清楚
B．包装完好
C．表格无修改
D．账物相符

12．库存易制爆危险化学品应做到（　）。

A．账目清楚
B．包装完好
C．表格无修改
D．账物相符

13．下列哪些药品易被氧化？（　）

A．亚硫酸钠
B．硝酸钠
C．硫酸亚铁
D．硫代硫酸钠

14．下列哪些药品易吸收二氧化碳？（　）

A．氢氧化钠
B．硅酸钠
C．过氧化钠
D．氢氧化锂

15．下列哪些药品应存放在棕色瓶中？（　）

A．硝酸银
B．硅酸钠
C．浓硝酸
D．硝酸钠

16．危险化学品方面，生态环境主管部门主要负责（　）。

A．废弃危险化学品处置的监督管理
B．组织危险化学品的环境危害性鉴定和环境风险程度评估
C．确定实施重点环境管理的危险化学品

D. 负责危险化学品环境管理登记和新化学物质环境管理登记

E. 依照职责分工调查相关危险化学品环境污染事故和生态破坏事件，负责危险化学品事故现场的应急环境监测

17. 国家鼓励危险化学品生产企业和使用危险化学品从事生产的企业采用有利于提高安全保障水平的先进技术、工艺、设备以及自动控制系统，鼓励对危险化学品实行（ ）。

A. 专门储存　　B. 统一配送

C. 集中销售　　D. 限制生产

18. 下列哪种物质不会灼伤皮肤？（ ）

A. 强碱　　B. 溴化钾水溶液

C. 强酸　　D. 溴化钠水溶液

19. 下列属于剧毒化学品的物质是（ ）。

A. 氰化钠　　B. 乙酸汞

C. 丙烯醛　　D. 三氯化磷

20. 涉及下列哪些气体，必须在通风橱内操作？（ ）

A. 氮气　　B. 硫化氢

C. 二氧化碳　　D. 溴

21. 下列属于易制爆类的试剂有（ ）。

A. 硝酸　　B. 硫酸

C. 三硝基甲苯　　D. 三硝基苯

22. 下列属于强腐蚀类的试剂有（ ）。

A. 浓硫酸　　B. 苯酚

C. 甲酸　　D. 氯磺酸

23. 易燃化学品存放的注意事项有（ ）。

A. 单独存放于阴凉处　　B. 单独存放于干燥处

C. 注意远离热源　　D. 必须存放于冰箱中

24. 使用和保存强氧化剂时应注意（ ）。

A. 在手套箱内操作　　B. 保持良好通风

C. 禁止接触明火　　D. 储存温度低于 30℃

25. 使用不了解的化学药品前应做好哪些准备？（ ）

A. 明确药品在实验中的作用　　B. 掌握药品化学性质

C. 掌握药品物理性质　　D. 了解药品毒性及防护措施

26. 不适合在化学实验室穿着的鞋有（ ）。

A. 凉鞋　　B. 胶底鞋

C. 高跟鞋　　D. 拖鞋

E．运动鞋

27．使用易燃易爆的化学药品时应注意哪些事项？（ ）

A．不可明火加热

B．不可猛烈撞击或震荡

C．在通风橱中使用

D．使用水浴方式加热

28．下列哪些物质可通过皮肤接触使人中毒？（ ）

A．汞

B．苯胺类

C．溴化钾

D．硝基苯

29．化学品安全技术说明书（MSDS）为化学物质及其制品提供了有关（ ）方面的信息，在使用化学品前应仔细阅读，掌握所使用化学品的个体防护方法、应急处置措施等。

A．安全

B．环境保护

C．健康

D．销售价格

三、判断题

1．盛装有易燃液体的器皿不可以日光直射。（ ）

2．易制爆危险化学品是指列入公安部确定、公布的易制爆危险化学品名录，容易爆炸的化学品。（ ）

3．易制毒化学品是指用于非法生产、制造或合成毒品的原料、配剂等化学物品，不包括用以制造毒品的原料前体、试剂、溶剂及稀释剂、添加剂等。（ ）

4．新版《化学品分类和标签规范》系列国家标准（GB 30000.2～30000.29—2013），替代《化学品分类、警示标签和警示性说明安全规范》系列标准，于 2014 年 11 月 1 日起正式实施。（ ）

5．GB 30000 系列按物理危险、健康危害或环境危害的性质，将危险化学品分为 28 类危险种类，其中物理危险 16 类、健康危害 10 类、环境危害 2 类。（ ）

6．GB 30000 系列中，环境危害性有对水生环境的危害、对臭氧层的危害、易燃易爆炸的危害 3 个种类。（ ）

7．危险化学品应存放在专用储存室中。（ ）

8．环科院危险化学品管理实行备案制。（ ）

9．环科院各实验室建立危险化学品使用安全责任制，各二级单位实验室负责人负责本单位实验室所有危险化学品的安全管理工作。（ ）

10．储存危险化学品的仓库应设置明显标志，严禁烟火，并远离火源、饮用水水源以及人群密集区。（ ）

11．危险化学品管理员应定期盘库，对于长时间未使用的危险化学品，及时进行清理。（ ）

12．应建立危险化学品台账，在储存、领用、归还危险化学品时，详细登记危险化学品信息、领用人、领用量等信息。（　）

13．领出后未使用完的危险化学品，不用归还，进行相应处置。（　）

14．加强对危险化学品的管理是有效预防和控制实验室危险化学品导致的突发事故的重要措施之一，是实验室安全管理的重要组成部分。（　）

15．危险化学品管理人员需了解和掌握危险化学品的原理、性质、危害性、使用及储存注意事项。（　）

16．实验室危险化学品不是实验室统一管理的重要环节。（　）

17．实验室负责人工作变动时应及时做好工作交接和信息更新。（　）

18．实验后不需要保留或超过有效期的危险化学品废弃物，应交由有资质的单位进行处理处置。（　）

19．实验过程中不得随意丢弃危险化学品。（　）

20．可视情况将实验室危险废物与生活垃圾混装或丢弃。（　）

21．危险化学品库房钥匙由两名管理员分别掌管，管理员单独一人可拿 2 把钥匙打开库房门，不需要 2 名管理员同时到场。（　）

22．危险化学品库房值守人员应做好值班和交接班记录，并做好技防设施的日常检查和故障及时报修工作。（　）

23．环科院针对剧毒化学品实行购买计划审批制度。（　）

24．环科院针对易制爆危险化学品实行购买计划审批制度。（　）

25．环科院针对易制毒化学品未实行购买计划审批制度。（　）

26．危险化学品采购时需由具有经营危险化学品资质的供应商供货。（　）

27．为方便快捷，提高效率，实验人员可通过网络、电话或直接购买危险化学品。（　）

28．环科院未列入年度采购计划或实际需要量超过采购计划的危险化学品，可随时追加采购手续。（　）

29．剧毒化学品入库前须以瓶（桶、袋）为单位建立唯一性编号。（　）

30．不同剧毒化学品可存放于一个危险化学品柜中。（　）

31．禁止在易制爆危险化学品库存放其他危险物品、杂物。（　）

32．严禁在危险化学品库房内吸烟及在周边区域使用火源。（　）

33．发现易制爆危险化学品的包装、标签、标识等不符合安全要求的，应立即做废弃处置。（　）

34．实验人员可一人独立使用剧毒化学品开展实验。（　）

35．使用剧毒化学品配制的工作溶液或储备液，标签上除一般信息外，必须注明为剧毒化学品。（　）

36．有毒物品应储存在阴凉、通风、干燥的场所，不得露天存放，不能靠近酸类物

质。（ ）

37．受日光照射能发生化学反应引起燃烧、爆炸、分解、化合或能产生有毒气体的危险化学品应储存在室内，包装采取避光措施。（ ）

38．腐蚀性物品包装严密、保证不泄漏后可与液化气体或其他物品共同存放。（ ）

39．爆炸物品不准和其他类物品同时储存，必须单独隔离限量储存在库内温度低于45℃的条件下，相对湿度应保持75%～80%，仓库应与周围建筑、道路、电线等保持安全距离。（ ）

40．受热易分解的药品应放置暗、冷处。（ ）

41．固体药品可选用广口瓶，液体药品可选用细口瓶存放。（ ）

42．氨水、浓盐酸、浓硝酸等易挥发液体药品存放时，在液面上滴10～20滴植物油，可以防止挥发。（ ）

43．液溴会腐蚀玻璃塞，拆开包装后应密封保存在有橡皮塞的棕色瓶中。（ ）

44．取用液溴时应配戴乳胶手套及其他必要防护。（ ）

45．氰化物与潮湿空气接触会产生剧毒的氰化氢气体。（ ）

46．红磷易被氧化，吸水生成偏磷酸，应存放在干燥器中。（ ）

47．冰醋酸受冻易结冰。（ ）

48．甲醇受热易聚合沉淀。（ ）

49．氢氟酸应放置在塑料瓶中。（ ）

50．苯在世界卫生组织国际癌症研究机构致癌物清单中被列为二类致癌物。（ ）

51．乙醚不属于易制毒化学品。（ ）

52．国家对危险化学品的生产、储存实行统筹规划、合理布局。（ ）

53．国务院工业和信息化主管部门以及国务院其他有关部门依据各自职责，负责危险化学品生产、储存的行业规划和布局。（ ）

54．使用易燃易爆化学品时，不可直接加热或撞击。（ ）

55．磷在空气中不易氧化自燃。（ ）

56．钠在空气中易氧化自燃。（ ）

57．高氯酸可与其他酸性化学品放在一起。（ ）

58．有爆炸危险的试剂在实验室内不可过量存放。（ ）

59．金属钠、钾可存放在水中，以避免与空气接触自燃。（ ）

60．试验后剩余的金属钠，可用大量水冲洗。（ ）

61．易挥发的药品应远离热源火源。（ ）

62．实验室冰箱内可混放任意化学品。（ ）

63．收集、贮存危险废物，必须按照危险废物特性分类进行。（ ）

64．易燃易爆的有机溶剂用完后可稀释倒入下水道。（ ）

65．浓硫酸可长期保存于玻璃瓶中。（ ）

66．实验用后的一次性手套应作为实验垃圾处理。（ ）

67．不明化学药品应立即丢弃，以免实验时错用。（ ）

68．打开易挥发试剂瓶塞时，瓶口不可对着脸部或其他人，应在通风橱中打开瓶塞。（ ）

69．不同的实验室废液可放入同一个废液桶中暂存以减少废液桶的使用量。（ ）

70．倾倒液体药品时，应将标签朝下，以便看清瓶内液面。（ ）

71．臭氧、过氧化合物属于爆炸化合物。（ ）

72．可用鼻子远离瓶口、手在瓶口上方扇动的方法，简单辨认有怀疑的低毒化学试剂。（ ）

73．个人防护的措施之一是皮肤防护，主要依靠个人防护用品，防护用品可以避免有毒物质与人体皮肤的接触。（ ）

74．有毒作业环境管理中的组织管理应包括对职工进行防毒宣传教育，使职工既清楚有毒物质对人体的危害，又了解预防措施，从而使职工主动地遵守安全操作规程，加强个人防护。（ ）

参考答案

一、单选题

1. A　2. C　3. D　4. A　5. B　6. A　7. B　8. C　9. D　10. D　11. A　12. B　13. B　14. B　15. C　16. C　17. C　18. A　19. A　20. D　21. B　22. B　23. A　24. A　25. D　26. B　27. C　28. C　29. A　30. C　31. B　32. D　33. A　34. B　35. D　36. C　37. C　38. A　39. B　40. A　41. B　42. C　43. D　44. D　45. A　46. B　47. C　48. A　49. A　50. D　51. C　52. C　53. C　54. A　55. D　56. C　57. A　58. C　59. A　60. B　61. B　62. D　63. A　64. C　65. A　66. D　67. B　68. A　69. C　70. C　71. B　72. D

二、多选题

1. ACD　2. ABCD　3. ABCE　4. ABCDEF　5. ABCD　6. ABC　7. ABCDEF　8. ABCD　9. ABCDE　10. ABDE　11. AD　12. AD　13. ACD　14. ABCD　15. AC　16. ABCDE　17. ABC　18. BD　19. AB　20. BD　21. ACD　22. ABCD　23. ABC　24. BCD　25. ABCD　26. ACD　27. ABCD　28. ABD　29. ABC

三、判断题

1. 对

2. 错，易制爆危险化学品是指列入公安部确定、公布的易制爆危险化学品名录，可用于制造爆炸物品的化学品

3. 错，易制毒化学品是指用于非法生产、制造或合成毒品的原料、配剂等化学物品，包括用以制造毒品的原料前体、试剂、溶剂及稀释剂、添加剂等

4. 对　5. 对

6. 错，GB 30000 系列中，环境危害性有对水生环境的危害和对臭氧层的危害 2 个种类

7. 错，危险化学品应按照国家和属地相关安全规定，存放在条件完备的专用仓库、储存室中

8. 对　9. 对　10. 对　11. 对　12. 对

13. 错，领出后未使用完的危险化学品，需要及时归还，进行相应处置

14. 对　15. 对

16. 错，实验室危险化学品是实验室统一管理中的重要环节

17. 对　18. 对　19. 对

20．错，实验过程中不得随意丢弃危险化学品、容器或在水槽中倾倒危险化学品溶液，严禁将实验室危险废物与生活垃圾混装或随意丢弃，避免发生因废弃物处置不当造成的安全事故

21．错，两名管理员必须同时进出库房，不得单独一人进库作业

22．对　　23．对　　24．对

25．错，环科院针对易制毒化学品实行购买计划审批制度

26．对

27．错，严禁由实验人员通过网络、电话或直接购买危险化学品，严禁向无合法资质的厂商购买

28．错，环科院未列入年度采购计划或实际需要量超过采购计划的危险化学品，原则上不可办理追加采购手续

29．对

30．错，剧毒化学品应按规定分类、分区单独存放

31．对　　32．对

33．错，发现剧毒化学品和易制爆危险化学品的包装、标签、标识等不符合安全要求的，应及时整改

34．错，使用剧毒化学品开展实验时，应严格执行双人使用的要求，做好实验室通风换气和人员防护

35．对　　36．对　　37．对

38．错，腐蚀性物品包装必须严密，不允许泄漏，严禁与液化气体和其他物品共存

39．错，爆炸物品不准和其他类物品同时储存，必须单独隔离限量储存在库内温度低于 30℃的条件下，相对湿度应保持 75%～80%，仓库应与周围建筑、道路、电线等保持安全距离

40．对　　41．对

42．错，氨水、浓盐酸、浓硝酸等易挥发液体药品存放时，在液面上滴 10～20 滴矿物油（不可用植物油），可以防止挥发

43．错，液溴会腐蚀橡皮塞，拆开包装后应密封保存在有玻璃塞的棕色瓶中

44．对　　45．对　　46．对　　47．对

48．错，甲醇受冻易聚合沉淀

49．对

50．错，苯在世界卫生组织国际癌症研究机构致癌物清单中被列为一类致癌物

51．错，乙醚属于易制毒化学品

52．对　　53．对　　54．对

55．错，磷在空气中易氧化自燃

56. 对

57. 错，高氯酸应远离其他酸性化学品存放

58. 对

59. 错，金属钠、钾遇水发生化学反应，不可存放在水中

60. 错，金属钠遇水发生化学反应，试验后剩余的不可用水冲洗

61. 对

62. 错，实验室冰箱内不得混放容易发生反应的化学品

63. 对

64. 错，易燃易爆的有机溶剂用完后不可倒入下水道，应统一收集作为危险废物，由有资质的单位处理处置

65. 错，浓硫酸易侵蚀玻璃而影响纯度，应保存在塑料瓶或涂石蜡的玻璃瓶中

66. 对

67. 错，不明化学药品应妥善保存，待统一处理

68. 对

69. 错，实验室废液应按性质分类收集，不可放入同一个废液桶中暂存

70. 错，倾倒液体药品时，不可将标签朝下

71. 对　　72. 对　　73. 对　　74. 对

第七章　实验室生物安全

一、单选题

1．生物安全实验室按危害因子污染概率大小分割的区域，可分为（　）。

A．清洁区、污染区、缓冲区　　B．清洁区、半污染区、污染区

C．清洁区、非清洁区　　D．清洁区、非清洁区、缓冲区

2．动物实验学中“3R”原则不包括（　）。

A．Reduction（减少）　　B．Replacement（替代）

C．Refinement（优化）　　D．Reuse（再使用）

3．下列生物安全实验室级别中，哪个等级的生物安全防护最低？（　）

A．BSL-1　　B．BSL-2

C．BSL-3　　D．BSL-4

4．生物安全柜开机后，需平衡多长时间后可以使用？（　）

A．10 min　　B．15 min

C．30 min　　D．60 min

5．下列哪类疾病属于甲类传染病？（　）

A．艾滋病　　B．霍乱

C．流感　　D．狂犬病

6．《病原微生物实验室生物安全管理条例》中规定，运输高致病性病原微生物菌（毒）种或者样本，应当不少于（　）人的专人护送，并采取相应的防护措施。

A．4　　B．3

C．2　　D．1

7．高致病性微生物菌毒株丢失，应在（　）小时内向保存单位主管部门报告。

A．2　　B．4

C．12　　D．24

8．下列不属于实验室一级防护屏障的是（　）。

A．生物安全柜　　B．防护服
C．口罩　　D．缓冲间

9．干热灭菌是利用热的作用来杀菌，通常在以下哪种设备中进行（　）？
A．微波炉　　B．烘箱
C．高压蒸汽灭菌器　　D．电阻炉

10．国务院于（　）颁布《病原微生物实验室生物安全管理条例》。
A．2004 年 11 月 12 日　　B．2016 年 2 月 6 日
C．2006 年 9 月 13 日　　D．2018 年 3 月 19 日

11．PCR 实验室要求严格分区，一般分为（　）。
A．主实验区、样本制备区、产物扩增区、产物分析区
B．试剂准备区、样本制备区、产物扩增区、产物分析区
C．试剂准备区、主实验区、产物扩增区、产物分析区
D．主实验区、试剂准备区、样本制备区、产物扩增区

12．生物安全柜在使用前需检查正常指标，不包括（　）。
A．噪声　　B．风速
C．负压在正常范围　　D．气流量

13．微生物对消毒因子的抗力从高到低的顺序是（　）。
A．细菌芽孢、分枝杆菌、亲水性病毒、真菌孢子、真菌繁殖体、细菌繁殖体、亲脂性病毒
B．细菌芽孢、真菌孢子、分枝杆菌、亲水性病毒、真菌繁殖体、细菌繁殖体、亲脂性病毒
C．细菌芽孢、分枝杆菌、真菌孢子、亲水性病毒、真菌繁殖体、细菌繁殖体、亲脂性病毒
D．细菌芽孢、真菌孢子、亲水性病毒、分枝杆菌、真菌繁殖体、细菌繁殖体、亲脂性病毒

14．二级生物实验室必须配备的设备是（　）。
A．生物安全柜、培养箱　　B．生物安全柜、高压灭菌器
C．生物安全柜、离心机　　D．离心机、高压灭菌器

15．干热灭菌效果监测采用（　）作生物指示物。
A．嗜热脂肪杆菌芽孢　　B．枯草杆菌黑色变种芽孢
C．短小芽孢杆菌　　D．粪链球菌

16．压力蒸汽灭菌效果监测采用（　）作生物指示物。
A．嗜热脂肪杆菌芽孢　　B．枯草杆菌黑色变种芽孢
C．短小芽孢杆菌　　D．粪链球菌

17．二级生物安全实验室硬件设施方面必须具备的条件是（　）。

A．送排风系统　　B．三区两缓布局

C．UPS 电源　　D．自动闭门系统

18．对动物实验室的器材进行消毒灭菌效果最好的设备是（　）。

A．热水器　　B．紫外线灯

C．臭氧发生器　　D．高压灭菌柜

19．脱卸个人防护装备的顺序是（　）。

A．外层手套—防护眼镜—防护服—口罩帽子—内层手套

B．防护眼镜—外层手套—口罩帽子—防护服—内层手套

C．防护眼镜—外层手套—口罩帽子—内层手套—防护服

D．口罩帽子—外层手套—防护眼镜—内层手套—防护服

20．接收感染性物质标本应由（　）人进行。

A．1　　B．2

C．3　　D．4

21．液体进行压力蒸汽灭菌时，液体体积不得超过容器体积的（　）。

A．1/2　　B．1/3

C．2/3　　D．3/4

22．二级实验室内，各种可能产生（　）的操作，应在生物安全柜内或其他物理保护装置中进行。

A．挥发性气体　　B．气溶胶

C．刺激性气味　　D．粉尘

23．二级实验室内进行操作的基本个人防护装备包括（　）。

A．实验服、单层手套、护目镜

B．实验服、双层手套、护目镜、呼吸面罩

C．实验服、单层手套、护目镜、呼吸面罩

D．实验服、双层手套、帽子、呼吸面罩

24．下列哪些措施不是减少气溶胶产生的有效方法？（　）

A．规范操作　　B．加强人员培训

C．戴帽子、眼罩　　D．改进操作技术

25．开启冻干物质安瓿瓶时，由于压力降低其部分冻干物可能会溅出，应在（　）进行操作。

A．实验台　　B．无菌室

C．超净工作台　　D．生物安全柜

26．采用甲醛进行熏蒸消毒时，熏蒸过程至少密闭保持（　）。

A．6 h　　B．12 h
C．18 h　　D．24 h

27．判定Ⅱ级生物安全柜对工作人员的防护能力，采用（　）作生物指示物。
A．嗜热脂肪杆菌芽孢　　B．短小芽孢杆菌
C．枯草芽孢杆菌　　D．产气荚膜梭菌

28．紫外线消毒灭菌的主要机制是（　）。
A．损伤细胞壁　　B．损伤细胞膜
C．破坏酶系统　　D．干扰 DNA 复制

29．清洁区所用消毒液的有效氯浓度是（　）。
A．400 mg/L　　B．500 mg/L
C．600 mg/L　　D．1 000 mg/L

30．高致病性病原微生物菌（毒）种或样本的运输方式不包括（　）。
A．可以通过水路运输
B．应当通过陆路运输
C．地区内运输可通过公共电（汽）车和城市铁路运输
D．紧急情况下或需运往国外的，可以通过民用航空运输

31．原始记录本被细菌污染，适宜的消毒方法是（　）。
A．干烤　　B．75%酒精浸泡
C．高压蒸汽灭菌　　D．紫外线照射

32．感染性废弃物的处置最常用的方法是（　）。
A．焚烧和填埋　　B．消毒和灭菌
C．焚烧和灭菌　　D．消毒和填埋

33．实验室获得性感染最常见的暴露途径是（　）。
A．气溶胶　　B．完整皮肤
C．黏膜　　D．破损皮肤

34．实验室生物安全性问题不仅涉及动物间疾病的传播，最主要还关系到（　）。
A．实验成败　　B．人员身体健康
C．动物死亡　　D．实验室污染

35．干热灭菌的温度和时间通常为（　）。
A．100～120℃，1～2 h　　B．120～140℃，2～4 h
C．160℃以上，1～2 h　　D．160℃以上，2～4 h

36．湿热灭菌的温度和时间通常为（　）。
A．100℃，15 min　　B．131℃，30 min
C．121℃，15 min　　D．160℃，30 min

37．湿热灭菌是利用热的作用来杀菌，通常在（　）中进行。

A．高压蒸汽灭菌锅　　B．马弗炉

C．烘箱　　D．水浴锅

38．实验动物的生物安全性，指涉及动物的哪种实验？（　）

A．化学实验　　B．药物实验

C．同位素实验　　D．病原微生物实验

39．多数对实验动物过敏的从业者一般会在（　）时间内出现过敏症状。

A．半年内　　B．1 年内

C．1～2 年内　　D．2～3 年内

40．下列哪种动物体内可隐性携带流行性出血热病毒，人感染后会出现出血热症状？（　）

A．小鼠　　B．大鼠

C．豚鼠　　D．仓鼠

41．发生人畜共患病时，须向单位有关机构报告，同时必须立即向当地（　）报告。

A．农业厅　　B．卫生厅

C．教育厅　　D．卫生防疫部门

42．移液时，当有生物污染性物质溅出，为防止扩散应（　）。

A．立即用浸过消毒剂的布或纸处理，然后将被污染的物品进行高压消毒

B．立即用布或纸处理

C．立即采用高压消毒

D．立即用浸过消毒剂的布或纸处理

43．玻璃（细菌）滤器使用后，立即用以下哪种溶液抽滤一次，当洗涤液尚未滤尽时，将滤器浸入上述洗涤液中浸泡 48 h（滤片两面均应接触洗涤液）。（　）

A．1%的盐酸

B．重铬酸钾洗涤液

C．浓硫酸-硝酸钠洗涤液

D．氢氧化钠或碳酸氢钠稀溶液

44．以下能用于消毒的气体熏蒸剂是（　）。

A．甲醛　　B．乙醚

C．乙醇　　D．氨水

45．过滤除菌操作时，将菌液注入滤器过滤，时间不宜过长，压力控制在（　）为宜。

A．30～50 mmHg　　B．100～200 mmHg

C．200～400 mmHg　　D．500～600 mmHg

46．以下过滤除菌操作的正确顺序是：a.使用前，将滤器和过滤瓶等全部装置用纸包

好经高压灭菌。b.使用时，在无菌操作条件下将滤器安装到过滤瓶上。c.用橡皮管以无菌操作将过滤瓶、安全瓶、压差计和抽气系统连接。d.将待过滤液体注入滤器过滤，时间不宜过长，压力控制在 100～200 mmHg 为限。（ ）

A．abcd　　B．adcb

C．abdc　　D．adbc

47．被病原微生物污染的玻璃器皿，应先放在（ ）中进行消毒灭菌。

A．烘箱　　B．加热真空烘箱

C．高压灭菌锅　　D．微波炉

48．使用生物实验材料时，下列说法错误的是（ ）。

A．微生物、动物组织、细胞培养液、体液等生物材料可能存在细菌和病毒感染的潜伏性危险，处理时必须谨慎、小心

B．被微生物等污染的玻璃器皿在清洗或高压灭菌前，应先浸泡在适当的消毒液中

C．在缺乏高压灭菌设备时，可煮沸消毒被污染的物品

D．做完实验后，必须用肥皂、洗涤剂或消毒液充分洗净双手

49．恒温培养箱的使用最高温度为（ ）。

A．45℃　　B．50℃

C．60℃　　D．80℃

二、多选题

1．二级生物安全实验室在结构设计上要求（ ）。

A．放置生物安全柜　　B．眼睛冲洗装置

C．窗户装有纱窗　　D．实验室排出气体不能再循环到实验室

2．以下关于生物安全实验室的说法，正确的是（ ）。

A．一级对人体、动植物或环境危害较低，不具有对健康成人、动植物致病的致病因子

B．生物安全防护水平四级最低，一级最高

C．四级对人体、动植物或环境危害较低，不具有对健康成人、动植物致病的致病因子

D．三级生物危害程度属于高个体危害、低群体危害

3．使用生物安全柜前应（ ）。

A．关闭紫外灯，打开荧光灯　　B．用适当的消毒剂消毒工作台面

C．工作前需开风机 5～15 min　　D．生物安全柜需经过认证

4．实验室主要生物危害来自于（ ）。

A．微生物气溶胶吸入　　B．刺伤、割伤

C．皮肤、黏膜污染　　D．食入

5．关于实验室消毒，下列说法正确的是（　）。

A．耐热和耐湿物品消毒首选压力蒸汽灭菌

B．耐湿和不耐热物品可采用擦拭、熏蒸、喷雾等方法消毒

C．常用的 84 消毒液原液含氯浓度为 99%，可依据含氯浓度进行稀释配比

D．实验室常用消毒剂有 84 消毒液、过氧乙酸、戊二醛、75%酒精等

E．含氯纸片也可配制不同浓度的消毒液

6．关于生物安全柜消毒，下列说法正确的是（　）。

A．日常清洁可用 0.2%洗洁精的水擦洗

B．安全柜内表面应采用 75%酒精擦拭

C．意外污染时应使用甲醛熏蒸

D．甲醛熏蒸时间不可过长，应小于 2 h

E．消毒处理时，生物安全柜应处于停机状态

7．关于生物安全实验室，下列说法正确的是（　）。

A．根据所操作致病性生物因子的传播途径可分为 a 类和 b 类

B．a 类指操作非经空气传播生物因子的实验室

C．b 类指操作经空气传播生物因子的实验室

D．b2 类生物安全实验室指能有效利用安全隔离装置进行操作的实验室

8．关于生物安全实验室，下列说法正确的是（　）。

A．生物安全实验室应有防止节肢动物和啮齿动物进入和外逃的措施

B．一级生物安全实验室可设带纱窗的外窗

C．生物安全实验室应在入口处设置更衣室或更衣柜

D．生物安全实验室人流路线的设置，应符合空气洁净技术关于污染控制和物理隔离的原则

9．生物实验室常用消毒和灭菌方法有（　）。

A．热力灭菌　　B．紫外线消毒

C．电离辐射消毒　　D．使用消毒剂

10．下列哪些是常用生物实验室消毒剂？（　）

A．甲醛　　B．乙醇

C．过氧化氢　　D．丙酮

11．动物福利概念包括下列哪些基本要素？（　）

A．生理福利　　B．环境福利

C．卫生福利　　D．行为福利

E．心理福利

12．开展动物实验的人员应（　）。

A．取得动物实验从业的相关资格、资质

B．通过所从事的动物实验相关操作技术培训

C．掌握动物实验标准操作流程

D．每年应至少进行一次身体健康检查

13．关于动物实验，下列说法正确的是（　）。

A．动物实验应在相应净化等级的实验室以及相应生物安全等级的实验室进行

B．实验操作过程中，应注意预防动物的咬伤、抓伤等，避免直接接触动物体液和组织样本

C．实验过程中得知实验结果或得知实验失败时，应完成全部实验

D．应制订相应的实验意外预案

14．当出现下列（　）情况时，应立即实施仁慈终点或停止动物实验。

A．动物出现无法忍受的剧烈疼痛且无法治疗或不能实施治疗措施

B．已无法继续完成实验

C．已完成实验观察数据

D．实验已经失败

15．医疗废弃物分类包括（　）。

A．感染性废物

B．损伤性废物

C．药物性废物

D．化学性废物

E．病理性废物

16．避免感染性物质扩散，实验操作中应注意（　）。

A．微生物接种环的直径应为 2～3 mm 并完全封闭，柄的长度应小于 6 cm 以减小抖动

B．使用一次性接种环，否则消毒接种环时应使用封闭式微型电加热器

C．小心操作干燥的痰标本，避免产生气溶胶

D．每一阶段工作结束后，必须采用适当的消毒剂清除工作区的污染

17．下列属于生物威胁的来源的是（　）。

A．各种致病微生物、转基因生物

B．外来生物入侵

C．工厂烟囱排放

D．生物恐怖事件

18．实验室生物安全防护的目的包括（　）。

A．确保受试动物不受实验对象侵染

B．确保实验人员不受实验对象侵染

C．确保周围环境不受污染

D．保证得到理想的实验结果

19．高致病性病原微生物是指（　）。

A．第一病原微生物

B．第二病原微生物

C．第三病原微生物

D．第四病原微生物

20．以下具有感染性的是（　）。

A．病人血液　　B．病原体培养物

C．动物尸体　　D．废弃的疫苗

21．二级及以上生物安全实验室门口应标有国际通用生物危害标志，应包括（　）。

A．生物防护级别　　B．操作的致病性生物因子

C．实验室负责人姓名、紧急联络方式　　D．国际通用生物危险符号

22．病原微生物的危害程度分类应主要考虑（　）。

A．微生物的致病性　　B．微生物的传播方式和宿主范围

C．当地所具备的有效防护措施　　D．当地所具备的有效治疗措施

23．关于生物安全柜，下列说法正确的是（　）。

A．安全柜是负压过滤排风柜，能迅速把产生的气溶胶过滤除掉

B．在安全柜内形成的负压和气幕，可以防止气溶胶外泄，保护操作者

C．从安全柜排出的空气经过 HEPA 空气过滤器过滤释放，保护外部环境

D．进入安全柜工作区的空气经过 HEPA 空气过滤器过滤，在安全柜内形成百级洁净度的环境，保护操作对象。

24．喷雾消毒法常用的化学消毒剂有（　）。

A．乙醇　　B．过氧乙酸

C．醋酸氯己定　　D．甲醛

25．气体熏蒸法是在加热条件下使熏蒸剂挥发变为蒸气，对房间和仪器设备消毒。当选择甲醛为熏蒸剂时，下列说法正确的是（　）。

A．每 1 m^3 空间需用 15～30 mL 福尔马林（37%～40%）

B．可加高锰酸钾氧化蒸发，高锰酸钾与福尔马林的用量比例为 1∶2

C．盛装制剂的器皿要敞口要宽大，过小会起泡沫导致药品溢出

D．房间熏蒸消毒时间为 12 h 以上

26．下列关于生物安全柜的操作的说法，不正确的是（　）。

A．生物安全柜在使用中可以打开玻璃观察挡板

B．操作者可以反复移出和伸进手臂以免干扰气流

C．在安全柜内的工作开始前和结束后，安全柜的风机应至少运行 5 min

D．所有工作必须在生物安全柜内部进行

27．无菌室可定期使用（　）等消毒溶液擦拭墙、地面、桌椅及用具。

A．0.05% 新洁尔灭　　B．75% 乙醇

C．甲醛　　D．高锰酸钾

28．一级生物安全实验室适用于（　）。

A．教学的普通微生物实验室

B．对健康成人、动植物已知无致病作用的微生物

C．对人体、动植物或环境危害较低的微生物

D．对人体、动植物或环境具有潜在危险的微生物

29．生物实验室转移生物材料至实验室外其他地方时，下列说法不正确的是（　）。

A．细胞培养瓶中的细胞可以直接转运

B．戴上手套将待转生物材料手持转出

C．穿上实验服将待转生物材料放入实验服口袋中转出

D．将生物材料密封在不易泄漏、破损的二级容器中转出

30．下列物品属于利器的是（　）。

A．针头　　B．刀片

C．载玻片和盖玻片　　D．培养皿

31．采集病原微生物样本时，下列说法正确的是（　）。

A．具有与采集病原微生物样本所需安全防护水平相适应的设备

B．具有掌握相关专业知识和操作技能的工作人员

C．具有有效防止病原微生物扩散和感染的措施

D．疑似某种病原微生物感染的患者在整个临床期均可采集样本

32．关于常规微生物操作规程中的安全操作要点，下列说法正确的是（　）。

A．禁止非工作人员进入实验室

B．生物安全柜操作时废弃物可放在柜外一侧

C．污染的吸管、容器等应先放于生物安全柜中装有消毒液的容器中消毒 1 h 以上，方可处理

D．培养物、废弃物在运出实验室之前不必进行灭菌

33．下列哪种操作可以产生气溶胶？（　）

A．采用吸头重悬离心后的细胞　　B．采用划线法在平板上接种细菌

C．采用带针头的注射器稀释液体　　D．采用超声波破碎组织

E．分装细胞

34．被微生物污染的金属器皿可用（　）消毒。

A．2% 戊二醛　　B．70% 乙醇

C．洗洁精　　D．1% 漂白粉溶液

35．关于干热灭菌和湿热灭菌两种方法比较，下列说法正确的是（　）。

A．湿热灭菌较干热灭菌消毒效果更好

B．使用湿热灭菌时，蛋白质在含水多时容易变性，易于凝固

C．湿热灭菌穿透力强，传导快

D．使用湿热灭菌时，蒸汽有潜热存在，可迅速提高物体的温度

36．使用生物安全柜时，下列哪些操作是错误的？（　）

A. 只有在生物安全柜正常时才可以使用

B. 物品放入柜内工作区之前不需要表面净化

C. 使用过程中可以打开玻璃面板

D. 实验操作应在工作台的前部完成

37. 下列哪种情况下应使用生物安全柜？（ ）

A. 操作传染性物质

B. 将含有感染性材料的混悬液转移过程

C. 实验过程中产生气溶胶的危险性较大时

D. 操作非传染性物质

38. 实验人员出现下列哪种情况，不可进入二级以上生物安全实验室？（ ）

A. 患发热性疾病

B. 感冒、上呼吸道感染或其他导致免疫力下降的情况

C. 妊娠

D. 高血压、心脏病

E. 皮肤病

39. 实验室生物安全防护涵盖的内容包括（ ）。

A. 安全设备　　B. 个体防护装置和措施

C. 实验室的特殊设计和建设要求　　D. 严格的管理制度和标准化操作规程

40. 下列哪些可采用干热灭菌法进行灭菌？（ ）

A. 干燥粉末　　B. 玻璃器皿

C. 金属器具　　D. 油脂

41. 下列哪些人员不适宜从事直接接触实验动物的工作？（ ）

A. 皮肤创伤未愈　　B. 妊娠

C. 咽炎引发重度咳嗽　　D. 急性结膜炎

42. 普通实验室饲养实验动物、开展动物实验存在下列哪些风险？（ ）

A. 动物福利得不到保障　　B. 人员得不到有效防护

C. 动物逃逸难以捕捉　　D. 动物容易发病

43. 关于动物实验，下列说法正确的是（ ）。

A. 实验动物应从国家指定的具有资质的单位获得

B. 废弃的动物尸体与器官可作为饲料原料再利用

C. 废弃的动物尸体与器官应按要求消毒，并用专用塑料袋密封后冷冻储存，统一送有关部门集中焚烧处理

D. 动物养殖与实验必须分开

44. 关于 CO_2 培养箱使用注意事项，下列说法正确的是（ ）。

A．培养箱内保证湿度加入的水必须是蒸馏水或去离子水

B．培养瓶和碟可以叠放

C．定期清洁和消毒

D．专人管理，每天检查 CO_2 管道，防止漏气，检查温度等

45．使用高压灭菌器时，下列注意事项正确的是（　）。

A．注意防护，防止烫伤，待温度降下后再开盖

B．禁止器皿盖着盖子进行高压灭菌，易产生爆裂

C．定期检查排水桶、排水管

D．一次高压灭菌物品尽可能装满

46．在生物实验中，下列哪种常见药品是致癌物质，实验中不能让药品接触到皮肤上？（　）

A．单体丙烯酰胺　　B．甲叉双丙稀酰胺

C．溴化乙锭（EB）　　D．秋水仙素

三、判断题

1．微生物安全实验室内涉及的生物危害性气溶胶指粉尘气溶胶。（　）

2．缓冲间是设置在被污染概率不同的实验室区域间的密闭室。（　）

3．一级生物安全实验室可设带纱窗的外窗。（　）

4．生物安全实验室应有防止节肢动物和啮齿动物进入和外逃的措施。（　）

5．所有盛装传染性物质的容器表面明显位置处必须粘贴生物危险标志，并按所在生物安全防护实验室的级别标明相同的级别。（　）

6．实验室环境消毒常使用紫外线直接照射，照射时间不超过 30 min。（　）

7．紫外灯和日光灯不能同时开启，电源开关要有明显的区分标志。（　）

8．紫外线光源不可直接照射到人。（　）

9．动物实验过程中，在得知实验结果包括得知实验失败或当动物无法忍受实验的伤害，或实验无法继续时，及时选择动物表现疼痛和痛苦较早的阶段为实验的终点。（　）

10．各类动物实验项目提倡接受实验动物福利伦理的审查和动物实验过程的监管。（　）

11．甲醛是一种常用的化学消毒剂。（　）

12．菌毒株需要双人双锁管理。（　）

13．生物安全柜内发生溢洒，需关机后再进行处理。（　）

14．二级生物安全柜保护对象包括受试样本、使用者和环境。（　）

15．生物安全柜操作时，废物袋以及盛放废弃吸管的容器可放置在生物安全柜一侧。（　）

16．开展病原微生物实验时，可用超净工作台替代生物安全柜。（　）

17．无菌室使用前，将全部要接种的物品移入无菌室缓冲间，并用75%酒精棉球擦拭干净，最后将物品送入工作台上，开启紫外灯进行物品表面消毒灭菌30 min左右。（　）

18．实验室应时常监测生物安全柜以确保其性能符合相关要求，应保存检查记录和任何功能性测试结果，并在安全柜上标记检查证明。（　）

19．每次微生物实验结束后，必须清洁消毒实验桌面，并彻底洗手等。（　）

20．在同一个实验室的同一独立安全区域内，可以同时从事两种高致病性微生物的相关实验活动。（　）

21．生物安全柜内发生少量感染性材料溢洒时，应用吸收纸巾立即处理，并立即用浸满消毒液的毛巾或纱布对生物安全柜及其内部的所有物品进行擦洗。（　）

22．高压蒸汽灭菌时，待灭菌物品可与含有腐蚀性抑制剂或化学试剂的物质放在一起灭菌。（　）

23．灭菌是指杀灭或清除传播媒介上的病原微生物，使之达到无害化的处理。（　）

24．发酵实验期间，要保持实验室内地面、桌面、操作台及其各种物品和器具的清洁卫生，同时保持发酵罐体外及其管路的卫生，做到无灰尘、无污垢。（　）

25．在实验室内部运输感染性物质时，应使用金属或塑料材质的容器加以包裹。（　）

26．二级生物实验室适用于我国危害程度分类为第一类和第二类的病原微生物检测实验活动。（　）

27．两个人不能同时使用生物安全柜。（　）

28．安全事故处理应本着先人后物的原则，果断地、坚决地快速处置。（　）

29．生物安全柜是负压过滤排风柜，能迅速把产生的气溶胶过滤除掉。（　）

30．喷雾消毒法常用的化学消毒剂有醋酸氯己定、乙醇、甲醛等。（　）

31．微生物接种环的直径应为2～3 mm并完全封闭，柄的长度应大于6 cm。（　）

32．生物安全主要指在进行生物学研究和教学过程中采取适当的防护设施、设备、防护原则及技术操作等以减少或消除有潜在危险性的因子暴露及意外释放，从而保证人类和环境的安全。（　）

33．使用通风橱时，应将通风橱玻璃活动挡板拉起。（　）

34．在生物实验室工作中，发现手套有破损，没有出血就没有感染。（　）

35．在生物安全柜一侧人工产生枯草芽孢杆菌芽孢气溶胶，在另一侧用培养皿采集枯草芽孢杆菌芽孢，以判定生物安全柜交叉污染防护能力。（　）

36．二级以下的生物安全实验室，污染的移液管应完全浸泡在适宜的消毒剂中或放入高压灭菌锅中消毒灭菌，再进行后续的处理。（　）

37．在生物安全实验室进行病原微生物未知基因操作时，应使用超净工作台。（　）

38．紫外线消毒灯停止消毒后，通风30 min以后才能进入室内。（　）

39．紫外线消毒杀菌范围广，处理时间短，但是对孢子、孢囊杀灭效果较差。（　）

40．液氮罐需储存于阴凉、通风的位置，不可放置于暖气旁或者有强烈阳光照射的地方。（ ）

41．液氮罐管道、阀门解冻可以用水冲或电加热，不能敲打或火烤。（ ）

42．扫描电子显微镜的制样和放样品过程中要戴手套操作，防止样品台污染。（ ）

43．电子显微镜一旦停止观察，应当第一时间关闭光路阀门。（ ）

44．紫外线消毒时，可以同时开启日光灯和紫外灯。（ ）

45．使用离心机时，应将离心管装满以保持稳定。（ ）

46．乙醇可杀死活性细菌、真菌、脂类病毒和孢子。（ ）

47．操作任何可产生气溶胶的实验时均须戴护目镜。（ ）

48．过氧乙酸可用于实验室工作台表面以及金属器械的消毒。（ ）

49．操作者双臂进出生物安全柜时，应迅速出入柜门开口，以维持操作面开口处气流完整性。（ ）

50．生物安全柜使用过程中，为了操作方便，应在生物安全柜的前部操作。（ ）

51．生物安全柜使用前或使用后，应至少工作 5 min 来完成净化过程，即应留出将污染空气排出生物安全柜的时间。（ ）

52．干热灭菌和湿热灭菌各有特点，总体来说，干热灭菌较湿热灭菌消毒效果更好。（ ）

53．气体熏蒸法常用于生物安全实验室的消毒，特别是进行房间和仪器设备消毒。（ ）

54．使用湿热灭菌时，蛋白质在含水多时容易变性，易于凝固。（ ）

55．离心过程中，若听到离心机有异常响声，待离心完成后再停机检查原因。（ ）

56．在用匀浆器操作生物材料时，建议采用特氟隆材料的匀浆器。（ ）

57．如在液氮罐中保存安瓿瓶，应将其存放在液氮的液相中。（ ）

58．高压灭菌液体终止时，为尽快地取出灭菌液体，可快速排气使压力迅速降低。（ ）

59．当生物安全柜内发生大量感染性材料溢洒时，液体会通过生物安全柜前面或后面的格栅流到下面去，生物安全柜内所有的物品都应该进行表面消毒并拿出生物安全柜，在确保生物安全柜的排水阀被关闭后，可将消毒液倒在工作台面上，使液体通过格栅流到排水盘上。所有接触溢出物品的材料都要进行消毒和/或高压灭菌处理。（ ）

60．实验中应严格按照要求和规范使用手术器械，注意手术器械使用安全，严禁用手术器械进行与实验无关的事情。（ ）

61．凡是基因工程操作所用的一切塑料器具（eppendorf 管、tip 等），在使用前都应装入盒子和瓶子中灭菌，且装盒或装瓶过程之前做好手消毒工作，以防用手拿的时候污染器具。（ ）

62．无菌室使用前，将全部要接种的物品移入无菌室缓冲间，并用 75%酒精棉球擦拭干净，最后将物品送入工作台上，开启紫外灯进行物品表面消毒灭菌 30 min 左右。（ ）

63．气体熏蒸法可用于生物安全柜内空气的消毒，但不能用于生物安全柜内物品的消

毒。（ ）

64．实验结束后，生物安全柜内使用过的仪器、设备等物品可能被污染，故应消毒后才可从柜内移出。（ ）

65．干燥箱可以用于物品的干燥、干热灭菌，恒温箱可用于微生物培养、生物材料培养。（ ）

66．一般实验室的环境设施条件，达不到动物实验室国家标准，不能作为动物实验的场地。（ ）

67．浸泡玻璃器皿的酸缸应敞开放置。（ ）

68．污染的（感染的）锋利物品，如注射针头、解剖刀片和碎玻璃等，应放置到不容易被刺破的带盖容器中，当作一般废弃物处理。（ ）

69．实验废弃的生物活性实验材料特别是细胞和微生物（细菌、真菌和病毒等）必须及时灭活和消毒处理。（ ）

70．待处置的培养物和污染材料可以和生活垃圾放在一起集中处理。（ ）

71．溴化乙锭（EB）是致癌物质，实验中不能让药品接触到皮肤。（ ）

72．在生物化学蛋白电泳实验中，单体丙烯酰胺和甲叉双丙烯酰胺均为神经性毒物，接触皮肤均有吸收，做实验时应格外小心，万一接触，立即用湿布擦拭干净。（ ）

73．在生物实验室中必须配备有效的消毒剂、眼部清洗剂或生理盐水，且易于取用。可配备应急药品。（ ）

74．实验室生物安全性问题不仅涉及动物间疾病的传播，还关系到人民身体健康。（ ）

75．用于科学研究的实验动物，必须来源于具备实验动物生产许可证证明的单位或部门。（ ）

76．干热灭菌比湿热灭菌穿透力强，传导快。（ ）

77．70%的乙醇水溶液可以用于皮肤消毒，消毒时间至少 10 s。（ ）

78．70%的乙醇水溶液可以用于实验室工作台表面以及小型器械的消毒。（ ）

参考答案

一、单选题

1. B 2. D 3. A 4. C 5. B 6. C 7. A 8. D 9. B 10. A 11. B 12. A 13. B
14. B 15. B 16. A 17. D 18. D 19. A 20. B 21. C 22. B 23. C 24. C
25. D 26. B 27. C 28. D 29. B 30. C 31. D 32. C 33. A 34. B 35. D
36. C 37. A 38. D 39. C 40. B 41. D 42. A 43. C 44. A 45. B 46. A
47. C 48. C 49. C

二、多选题

1. ABCD 2. AD 3. ABCD 4. ABCD 5. ABDE 6. ABCE 7. ABC 8. ABCD
9. ABCD 10. ABC 11. ABCDE 12. ABCD 13. ABD 14. ABCD 15. ABCDE
16. ABCD 17. ABD 18. ABC 19. AB 20. ABC 21. ABCD 22. ABCD 23. ABCD
24. ABC 25. ABCD 26. AB 27. AB 28. ABC 29. ABC 30. ABC 31. ABC 32. AC
33. ABCDE 34. AB 35. ABCD 36. BCD 37. ABC 38. ABCDE 39. ABCD
40. ABCD 41. ABCD 42. ABCD 43. ACD 44. ACD 45. ABC 46. CD

三、判断题

1. 错，微生物安全实验室内涉及的生物危害性气溶胶包括飞沫核气溶胶和粉尘气溶胶

2. 对 3. 对 4. 对 5. 对

6. 错，照射时间不少于 30 min

7. 对 8. 对 9. 对

10. 错，均应依法接受实验动物福利伦理的审查和动物实验过程的监管

11. 对 12. 对

13. 错，应立即停止工作，在风机工作状态下，用消毒巾覆盖并吸收溢出物进行柜内台面消毒

14. 对

15. 错，必须放在生物安全柜内

16. 错，必须使用生物安全柜

17. 对 18. 对 19. 对

20. 错，不可同时从事两种实验

21. 对

22．错，不能放在一起灭菌

23．错，灭菌是指杀灭或清除传播媒介上的所有微生物（包括芽孢），使之达到无菌程度

24．对　　25．对

26．错，第三类和少量第二类

27．错，两个人进行操作，应相互配合，不能影响生物安全柜内气流

28．对　　29．对

30．错，甲醛不能用做喷雾消毒法的化学消毒剂

31．错，柄的长度应小于 6 cm 以减少抖动

32．对

33．错，使用通风橱时，必须拉下通风橱玻璃活动挡板至手肘处，使胸部以上受玻璃视窗所屏护

34．错，可能发生暴露感染

35．对　　36．对

37．错，应使用生物安全柜

38．对　　39．对　　40．对

41．错，液氮罐管道、阀门解冻不能用电加热

42．对　　43．对

44．错，紫外线消毒时，因可见光能复活生物体中的光复活酶，使形成的二聚体拆开复原，所以不能同时开启日光灯和紫外灯

45．错，应注意离心管不要装得太满防止溢出

46．错，不能杀灭孢子

47．对

48．错，过氧乙酸对金属有腐蚀性，不可用于金属器械的消毒

49．错，操作者双臂进出生物安全柜时，应动作缓慢，以维持操作面开口处气流完整性

50．错，应在生物安全柜的中后部操作

51．对

52．错，湿热灭菌较干热灭菌消毒效果更好

53．对　　54．对

55．错，应立刻停机检查原因

56．对

57．错，应将其存放在液氮的气相中

58．错，让其自然冷后再慢慢打开排气阀以排除余气，然后才能开盖取物

59．对　　60．对

61．错，在使用前都应装入盒子和瓶子中灭菌，且装盒或装瓶过程中都应采用镊子或戴上一次性手套进行操作，不能直接用手去拿，严防手上杂酶污染

62．对

63．错，气体熏蒸法可用于生物安全柜内物品的消毒

64．对　65．对　66．对

67．错，浸泡玻璃器皿的酸缸必须有防护罩，不得敞开放置

68．错，应当作传染性物质处理

69．对

70．错，不能和生活垃圾混放

71．对

72．错，万一接触，应立即用流水冲洗

73．对　74．对　75．对

76．错，湿热灭菌穿透力强，传导快

77．对　78．对

第八章　实验室废弃物安全

一、单选题

1. 危险化学废物处理的原则是（　）。
A. 自行处理
B. 按生活垃圾处理
C. 预处理后按生活垃圾处理
D. 分类收集、定点存放、专人管理、集中处理
2. 危险化学品空瓶应如何处理？（　）
A. 与普通废液一起处理
B. 按生活垃圾处理
C. 按危险废物暂存，待集中处理
D. 以上都不对
3. 有毒有害废液应如何处理？（　）
A. 直接向下水道倾倒
B. 稀释后向下水道倾倒
C. 按生活垃圾处理
D. 分类收集于密闭容器中，粘贴标签待集中处理
4. 生物实验室的死亡动物尸体、组织碎块，一般如何处理？（　）
A. 密封在塑料袋内，丢入垃圾桶中
B. 密封在专用塑料袋内，丢入垃圾桶中
C. 密封在专用塑料袋内，交专门处理机构
D. 密封在专用塑料袋内，冷冻保存，交专门处理机构
5. 生物实验剩余的菌液应该如何处理？（　）
A. 直接倒入下水道
B. 直接倒入废液桶

C. 加入杀菌剂后，倒入废液桶

D. 加入杀菌剂后，倒入下水道

6. 有机废液收集到废液容器的（ ），其他废液收集到废液容器的（ ）时，须更换新的废液容器。

A. 1/2　2/3　　B. 2/3　3/4

C. 3/4　4/5　　D. 2/3　4/5

7. 若某种废液倒入回收桶会发生危险，则应（ ）。

A. 稀释后直接向下水口倾倒　　B. 随一般垃圾一起丢弃

C. 单独暂存于容器中，并贴上标签　　D. 自行处理

8. 对危险废物的容器和包装物以及收集、贮存、运输、处置危险废物的设施、场所，必须（ ）。

A. 设置生活垃圾识别标志　　B. 设置危险废物识别标志

C. 设置毒性标志　　D. 不用设置识别标志

9. 废弃的有害固体药品应如何处理？（ ）

A. 按一般固体废物处理　　B. 按生活垃圾处理

C. 经处理解毒后，按生活垃圾处理　　D. 收集起来由专业公司处理

10. 下列对放射性垃圾安全管理的说法，不正确的是（ ）。

A. 非放射性垃圾可与放射性垃圾混放

B. 放射性垃圾应放入专用容器收集、包装、储存

C. 非放射性垃圾和放射性垃圾必须分开放置

D. 放射性垃圾应由专业部门统一处理

11. 含 Cr^{6+} 或含还原性有毒物质的实验室废液，可通过（ ）进行预处理。

A. 稀释法　　B. 吸附法

C. 氧化还原法　　D. 絮凝沉淀法

12. 含汞、铅、镉等重金属的实验室废液，可通过（ ）进行预处理。

A. 中和法　　B. 吸附法

C. 氧化还原法　　D. 硫化物沉淀法

13. 含量较低的实验室有机废液，可通过（ ）进行预处理。

A. 稀释法　　B. 吸附法

C. 中和法　　D. 絮凝沉淀法

14. 少量的含氰废液可先加氢氧化钠调 pH＞10，再加入几克（ ）使 CN^- 氧化分解。

A. 高锰酸钾　　B. 生石灰

C. 漂白粉　　D. 重铬酸钾

15. 量大的含氰废液可用碱性氯化法处理，先用碱调至 pH＞10，再加入（ ），使

CN^-氧化成氰酸盐，并进一步分解为二氧化碳和氮气。

A．高锰酸钾　　B．生石灰

C．漂白粉　　D．重铬酸钾

16．含砷废液进行预处理时，可加入氧化钙，调节并控制 pH 值至（　），生成砷酸钙和亚砷酸钙沉淀。

A．7　　B．8

C．6～10　　D．10

17．转化植物剩余的菌液应该（　）。

A．直接倒入下水道　　B．直接倒入废液桶

C．加入杀菌剂后，倒入废液桶　　D．加入杀菌剂后，倒入下水道

18．高浓度的含酚废液可用乙酸丁酯萃取，再用少量（　）反萃取、经调节 pH 值后，进行重蒸馏回收。

A．氢氧化钠　　B．氯化钠

C．丙酮　　D．生石灰

19．含汞废液进行预处理时，先稀释废液，使 Hg 浓度在 1 mg/L 以下，加入氯化钠，再调节 pH 值至（　）左右，加入过量活性炭，搅拌 2 h 过滤，保管好滤渣。

A．5　　B．6

C．7　　D．8

20．微生物培养后废弃物灭菌处理的温度和时间通常为（　）。

A．100℃，15 min　　B．121℃，15 min

C．150℃，30 min　　D．180℃，30 min

二、多选题

1．下列属于处理处置实验室废弃物的步骤的是（　）。

A．对废弃物进行鉴别并分类　　B．对废弃物进行必要的预处理

C．对废弃物进行分类收集和暂存　　D．对废弃物进行集中处置

2．实验室废弃物按性质可分为（　）。

A．一般性废弃物　　B．化学性废弃物

C．生物性废弃物　　D．放射性废弃物

3．实验室气态废弃物常用的预处理方法包括（　）。

A．吸收法　　B．固体吸附法

C．光氧催化法　　D．燃烧法

E．冷凝法

4. 下列哪些废气可用燃烧法来去除？（ ）。

A. 酮类　　B. 醛类

C. 一氧化碳　　D. 硫化氢

E. 二氧化碳

5. 处理废液时，下列说法正确的是（ ）。

A. 用剩的液体为避免浪费可倒回原瓶

B. 氢氟酸废液可倒入浓硫酸的收集桶内

C. 禁止将危险废液直接倒入下水道

D. 废液应分类收集，统一进行处理

6. 处理废液时，下列说法正确的是（ ）。

A. 有机废液和无机废液要分类收集存放

B. 废液桶外要标示清楚废液成分、日期、负责人、联系方式

C. 废液应分类收集于密闭容器中，统一进行处理

D. 少量危险废液可直接倒入下水道

7. 下列生物实验室废弃物在处理时，哪些需按照医疗废弃物处理？（ ）

A. 未使用的有盖培养皿

B. 使用过的带盖培养皿

C. 没有明显污染的操作过化学试剂的手套

D. 操作过生物材料的手套

8. 下列生物实验室废弃物在处理时，哪些需按照医疗废弃物处理？（ ）

A. 使用过的培养皿　　B. 擦拭过实验台的纸巾

C. 琼脂糖凝胶　　D. 丙烯酰胺凝胶

9. 生物安全实验室废弃物处置应遵循的原则是（ ）。

A. 将操作、收集、运输、处理处置废物的危险减至最小

B. 将其对环境的有害作用减至最小

C. 使用被承认的技术方法处理处置危险废物

D. 排放符合国家或地方规定和标准的要求

10. 收集废液时，应在登记表中做好记录，并在收集容器上粘贴标签，标签需填写内容包括（ ）。

A. 废液产生单位　　B. 主要危险成分

C. 责任人　　D. 产生日期

11. 对化学废液的处理，下列描述正确的是（ ）。

A. 分类收集，存放在专用废液桶中并加贴标签

B. 倒入废液前应仔细查看该收集桶的记录，确认不会与桶内已有化学物质发生异常

反应

C．废弃物暂存间应位于阴凉处，远离火源和热源

D．收集桶中的废液不应超过容器最大容量的 80%

12．对生物废弃物的处理方法，下列说法正确的是（ ）。

A．感染性材料必须在实验室内清除污染、高压灭菌灭活

B．能够刺伤或割伤人体的损伤性废弃物（注射针头、手术刀片、载玻片、玻璃安瓿等）收集在利器盒中

C．分类收集的医疗废弃物达到专用包装袋或容器的 3/4 时，应当将专用包装袋或容器严密封口，贴上标签

D．医疗废弃物专用包装袋、利器盒可自行处理

13．对碎玻璃的正确处理方法是（ ）。

A．要戴上厚手套小心地彻底清除

B．放入专用利器盒中

C．利器盒全部装满后，关闭利器盒盖并用胶带封严，贴上标签，送至指定地点统一回收处理

D．碎玻璃可与一般垃圾一起处理

14．关于实验室废弃物处理的一般原则，下列说法正确的是（ ）。

A．废弃物含量极少且安全时，可以排放到大气或下水道

B．尽量浓缩废液，使其体积变小，放在安全处隔离储存

C．可利用蒸馏、过滤、吸附等方法，将危险物分离

D．可自行处理实验室废弃物

15．实验室产生的废液，一般可按下列（ ）分类收集。

A．有机废液　　B．强酸废液

C．一般重金属废液　　D．汞废液

16．强氧化的浓酸废液收集时，下列说法正确的是（ ）。

A．可稀释后直接倒入下水道　　B．可与其他酸混合收集

C．严禁直接倒入聚乙烯类的废液桶中　　D．须使用原瓶回收

17．下列属于感染性废弃物的是（ ）。

A．废弃的组织、细胞　　B．废弃的培养基

C．废弃的菌种保存液　　D．可能沾染感染性物质的实验用品及器械

18．下列哪些废弃物需收集到符合要求的密闭利器盒内？（ ）

A．注射针头　　B．解剖刀片

C．培养基　　D．试验玻片

19．下列哪些废气可以使用合适的吸收剂处理？（ ）

A．SO_2 B．H_2S

C．NO_x D．酸雾

E．有机蒸气

20．下列哪些可作为废气的固体吸附剂？（ ）

A．硅胶 B．活性炭

C．硅藻土 D．分子筛

21．含低浓度苯酚、甲酚、萘酚的废液，可用（ ）处理。

A．吸附法 B．中和法

C．稀释法 D．溶剂萃取法

22．实验室废液暂存，下列说法正确的是（ ）。

A．废液桶完全装满后，及时联系实验室废物管理员登记存放

B．存放在一般人接触不了的指定位置

C．存放废液桶时，须拧紧瓶盖，整齐直立摆放

D．若空间不够，在保证安全的情况下，可以叠放，最高不超过三层

三、判断题

1．污染的（感染的）锋利物品，如注射针头、解剖刀片和碎玻璃，应当放置到不容易被刺破的带盖的容器中，当作传染性物质处理。（ ）

2．列入《危险化学品目录》的化学品废弃后属于危险废物。（ ）

3．实验室废弃物是指实验过程中产生的具有各种毒性、易燃性、爆炸性、腐蚀性、化学反应性和传染性，并会对生态环境和人类健康构成危害的所有废弃物。（ ）

4．列入《国家危险废物名录》的固体废物，属于危险废物，不需要进行危险特性鉴别。（ ）

5．未列入《国家危险废物名录》的固体废物，不属于危险废物。（ ）

6．具有毒性、感染性中一种或两种危险特性的危险废物与其他物质混合后，导致危险特性扩散到其他物质中，混合后的废物属于危险废物。（ ）

7．仅具有腐蚀性、易燃性、反应性中一种或一种以上危险特性的危险废物与其他物质混合后，混合的固体废物经鉴别不再具有危险特性的，不属于危险废物。（ ）

8．实验室废弃物按形态可以分为气态废弃物、液态废弃物和固态废弃物。（ ）

9．燃烧法适合处理量大而浓度比较低的苯类、酮类、醛类、醇类等有机废气。（ ）

10．对于不含其他污染物的酸、碱类废液，可以中和至中性后排放。（ ）

11．絮凝沉淀法适用于处理有机废液。（ ）

12．含汞废液可适当地稀释后排放。（ ）

13．实验室产生的危险废液应分类收集于密闭容器中，统一进行处理。（　）

14．对危险废物的容器和包装物以及收集、贮存、运输、处置危险废物的设施、场所，必须设置危险废物识别标志。（　）

15．收集、贮存危险废物，必须按照危险废物特性分类进行。（　）

16．过期的危险化学药品应按危险废物处理。（　）

17．无法辨别的化学药品应按一般废物处理。（　）

18．实验室废液可以放入同一个废液桶中收集。（　）

19．实验室废弃的培养基、菌种保存液等生物活性材料，可使用杀菌剂进行消毒。（　）

20．收集废液时容器中必须留有足够的空间，防止膨胀。（　）

21．收集废液时应防止遗洒，可使用漏斗帮助收集。（　）

22．实验室内可设置废弃物暂存区暂时存放产生的危险废物，须张贴相应警示标识，暂存区外边界地面应施划 5 cm 宽的黑黄色警戒线。（　）

23．危险废物的容器和包装物，以及收集、暂存危险废物的设施、场所，必须设置危险废物识别标志。（　）

24．废弃物暂存间内的废弃物应集中存放。（　）

25．实验室危险废物的处置，应严格执行危险废物转移联单制度，定期交由有资质的危险废物处理公司统一打包、清运及处置。（　）

26．实验室危险废物产生单位应当按照国家有关规定制订实验室危险废物管理计划，建立危险废物管理台账。（　）

27．实验室危险废物产生单位必须按照国家有关规定申报登记，按照国家有关规定处置。（　）

28．实验室产生的危险性废液必须回收，统一由专门机构负责无害化处理，使其变为无害物质，尽量减少对环境的污染。（　）

29．氰化物、硫化物、氟化物废液不得与酸类废液混放。（　）

30．为了方便废液的倾倒，实验室用废液桶可以敞口。（　）

31．有毒实验室废弃物应明确专人负责，使用专用容器和醒目标识，分类收集，定期回收，统一处理。（　）

32．几种剧毒废液如果性质不互相排斥，可以混放在一个容器中。（　）

33．实验室产生的废气通过通风橱内的通风管道直接排到室外。（　）

34．利用活性炭等具有吸附能力的吸附剂可吸附废气、废水中的污染物。（　）

35．处理含铬废液，可向其中加入还原剂 $FeSO_4$，在酸性条件下，将 Cr^{6+} 还原为 Cr^{3+}，然后加入 NaOH 使其转化为 $Cr(OH)_3$ 沉淀除去。

36．有机废物、浓酸或浓碱废液等可倒入水槽，加大量的自来水将之冲稀。（　）

37．禁止往水槽内倒入杂物和强酸、强碱及有毒的有机溶剂。（　）

38. 实验室废弃物按性质可以分为化学性废物、生物性废物和放射性废物。( )

39. 血液、组织、细菌培养基、沾染的生物实验用品及器械等都属于生物性废弃物，需按医疗废物要求处理。( )

40. 实验室产生的废酸、碱，如果不含其他污染物，可中和后倾倒，并用大量的水冲洗管道。( )

41. 实验室废液可按有机废液、强酸废液、强碱废液、其他无机废液等分类进行收集。( )

42. 强氧化的浓酸可使用聚乙烯材料的废液桶收集。( )

43. 无论是否涉及病原微生物，实验动物尸体都要进行无害化处理及冷冻保存，然后送具备相关资质机构处理。( )

44. 絮凝沉淀法是指在废水中加入一定量的絮凝剂，使其进行物理化学反应，达到水体净化的目的。( )

45. 含汞、铅、镉等重金属的实验室废液，可用 Na_2S 或 NaHS 将重金属转变为难溶于水的金属硫化物，随后用 $Fe(OH)_3$ 共沉淀分离后收集。( )

46. 含 Cr^{6+} 或含还原性有毒物质的实验室废液，可通过氧化还原反应进行预处理。( )

47. H_2S、SO_2、汞蒸气等实验室废气，可用硅藻土作为固体吸附剂进行吸附处理。( )

48. 冷凝法常用于无机废气的回收处理。( )

49. CO、H_2S 等废气可使用燃烧法去除。( )

50. 燃烧法只适用于去除有机废气。( )

51. 浓度较低的可溶于水的有机溶剂废液，可适当稀释后通过下水道排放。( )

52. 乙醚等易形成过氧化物的有机溶剂废液不可利用蒸馏单元操作回收。( )

53. 实验室固态废物应收集在适宜的容器或纸箱内，封闭存放。( )

54. 含低浓度石油、动植物性油脂的废液可用溶剂萃取法或吸附法进行预处理。( )

55. 实验室废铬酸洗液可以用高锰酸钾氧化法使其再生，继续使用。( )

56. 过氧化物与有机物废液不能混合存放。( )

57. 氰化物、硫化物、次氯酸盐与酸类废液不能混合存放。( )

58. 盐酸、氢氟酸等挥发性酸与不挥发性酸可以混合存放。( )

59. 废液桶完全装满后，密封并放置在指定地点暂存。( )

60. 含硫酸、磺酸、羟基酸、聚磷酸等酸类废液与其他酸的废液不能混合存放。( )

61. 含重金属离子的废液，可加碱或加硫化钠把重金属离子变成难溶性的氢氧化物或硫化物沉淀下来，过滤分离后收集。( )

62. 有机溶剂应尽量回收，在对实验没有妨碍的情况下可以反复使用。( )

63. 甲醇、乙醇、醋酸等能被细菌分解的溶剂的废液，经大量水稀释后，可通过下水道排放。( )

64．含铅、含镉废液可加碱或石灰乳，将 pH 调到 8～10，使废液中的 Pb^{2+}、Cd^{2+}生成氢氧化铅或氢氧化镉沉淀，加入硫酸亚铁共沉淀分离后收集。（　）

65．含砷废液可加入氧化钙，调节并控制 pH 为 8，生成砷酸钙和亚砷酸钙沉淀。有 Fe^{3+}存在时可起共沉淀作用。也可将含砷废液 pH 调至 10 以上，加入硫化钠与砷反应生成难溶、低毒的硫化物沉淀。（　）

66．低浓度的含酚废液可加入次氯酸钠或漂白粉，使酚氧化为二氧化碳和水。（　）

67．空瓶如需回收，应经过清洗，确保无残留。（　）

68．实验室生物样本、培养物和被污染的废弃物在从实验室取走之前，应通过高压灭菌等处理手段使其达到生物学安全。（　）

69．生物废弃物经高压灭菌处理后，装入普通垃圾袋密封存放，待集中统一处理。（　）

70．生物废弃物经高压灭菌处理后，可由实验室自行处理。（　）

71．废弃物禁止存放在非工作人员易接触到的地方。（　）

72．高温下易腐败或易发生反应的废弃物应低温存放。（　）

73．废弃物暂存区可临时存放其他物品。（　）

74．实验室废液必须按照废液相容表进行收集，不得将不相容的物质进行混装。（　）

参考答案

一、单选题

1. D 2. C 3. D 4. D 5. C 6. C 7. C 8. B 9. D 10. A 11. C 12. D 13. B 14. A 15. C 16. B 17. C 18. A 19. B 20. B

二、多选题

1. ABCD 2. BCD 3. ABCDE 4. ABCD 5. CD 6. ABC 7. ABCD 8. ABCD 9. ABCD 10. ABCD 11. ABCD 12. ABC 13. AB 14. ABC 15. ABCD 16. CD 17. ABCD 18. ABD 19. ABCDE 20. ABCD 21. AD 22. BCD

三、判断题

1. 对 2. 对 3. 对 4. 对

5. 错，未列入《国家危险废物名录》的固体废物，需进行危害性鉴别，以确定是否属于危险废物

6. 对 7. 对 8. 对 9. 对 10. 对

11. 错，适用于处理含重金属离子较多的无机废液

12. 错，含汞废液须收集，交由有资质公司进行处理

13. 对 14. 对 15. 对 16. 对

17. 错，无法辨别的化学药品须按剧毒废物处理

18. 错，按性质分类收集

19. 错，生物活性材料必须按要求经过高压蒸汽灭菌等方式进行灭活

20. 对 21. 对 22. 对 23. 对

24. 错，不相容的废弃物应分不同区域进行存放

25. 对 26. 对 27. 对 28. 对 29. 对

30. 错，废液桶必须封闭

31. 对

32. 错，剧毒废液须单独收集

33. 错，废气通过必要的处理后通过通风管道排到室外

34. 对 35. 对

36. 错，需用废液桶分类收集暂存

37. 对 38. 对 39. 对 40. 对 41. 对

42．错，严禁倒入聚乙烯材料的废液桶中

43．对　　44．对　　45．对　　46．对　　47．对

48．错，常用于高温有机废气的回收处理

49．对

50．错，CO、H_2S 等无机废气也可使用燃烧法去除

51．对　　52．对　　53．对　　54．对　　55．对　　56．对　　57．对

58．错，挥发性酸与不挥发性酸不能混合存放

59．错，废液桶盛装 3/4 或到离桶口 5 cm 左右需停止收集

60．对　　61．对　　62．对　　63．对　　64．对　　65．对　　66．对

67．对　　68．对

69．错，装入具有明确生物废弃物标识的专用垃圾桶或垃圾袋

70．错，应交由有资质的公司进行处理

71．对　　72．对

73．错，禁止存放废弃物以外的物品

74．对

第九章　实验室安全事故应急

一、单选题

1. 按照国务院《生产安全事故报告和调查处理条例》，安全事故分为特别重大事故（Ⅰ级）、重大事故（Ⅱ级）、较大事故（Ⅲ级）和一般事故（Ⅳ级），其中特别重大事故（Ⅰ级），是指造成（　）的事故。

A. 3人以下死亡，或者10人以下重伤（包括急性工业中毒），或者1 000万元以下直接经济损失

B. 3人（含）以上10人以下死亡，或者10人（含）以上50人以下重伤（包括急性工业中毒），或者1 000万元以上5 000万元以下直接经济损失的事故

C. 10人（含）以上30人以下死亡，或者50人（含）以上100人以下重伤（包括急性工业中毒），或者5 000万元（含）以上1亿元以下直接经济损失

D. 30人（含）以上死亡，或者100人以上重伤（包括急性工业中毒），或者1亿元以上直接经济损失

2. 按照国务院《生产安全事故报告和调查处理条例》，安全事故分为特别重大事故（Ⅰ级）、重大事故（Ⅱ级）、较大事故（Ⅲ级）和一般事故（Ⅳ级），其中重大事故（Ⅱ级），是指造成（　）的事故。

A. 3人以下死亡，或者10人以下重伤（包括急性工业中毒），或者1 000万元以下直接经济损失

B. 3人（含）以上10人以下死亡，或者10人（含）以上50人以下重伤（包括急性工业中毒），或者1 000万元以上5 000万元以下直接经济损失

C. 10人（含）以上30人以下死亡，或者50人（含）以上100人以下重伤（包括急性工业中毒），或者5 000万元（含）以上1亿元以下直接经济损失

D. 30人（含）以上死亡，或者100人以上重伤（包括急性工业中毒），或者1亿元以上直接经济损失

3. 按照国务院《生产安全事故报告和调查处理条例》，安全事故分为特别重大事故（Ⅰ

级）、重大事故（Ⅱ级）、较大事故（Ⅲ级）和一般事故（Ⅳ级），其中较大事故（Ⅲ级），是指造成（　）的事故。

A．3 人以下死亡，或者 10 人以下重伤（包括急性工业中毒），或者 1 000 万元以下直接经济损失

B．3 人（含）以上 10 人以下死亡，或者 10 人（含）以上 50 人以下重伤（包括急性工业中毒），或者 1 000 万元以上 5 000 万元以下直接经济损失的事故

C．10 人（含）以上 30 人以下死亡，或者 50 人（含）以上 100 人以下重伤（包括急性工业中毒），或者 5 000 万元（含）以上 1 亿元以下直接经济损失

D．30 人（含）以上死亡，或者 100 人以上重伤（包括急性工业中毒），或者 1 亿元以上直接经济损失

4．按照国务院《生产安全事故报告和调查处理条例》，安全事故分为特别重大事故（Ⅰ级）、重大事故（Ⅱ级）、较大事故（Ⅲ级）和一般事故（Ⅳ级），其中一般事故（Ⅳ级），是指造成（　）的事故。

A．3 人以下死亡，或者 10 人以下重伤（包括急性工业中毒），或者 1 000 万元以下直接经济损失

B．3 人（含）以上 10 人以下死亡，或者 10 人（含）以上 50 人以下重伤（包括急性工业中毒），或者 1 000 万元以上 5 000 万元以下直接经济损失的事故

C．10 人（含）以上 30 人以下死亡，或者 50 人（含）以上 100 人以下重伤（包括急性工业中毒），或者 5 000 万元（含）以上 1 亿元以下直接经济损失

D．30 人（含）以上死亡，或者 100 人以上重伤（包括急性工业中毒），或者 1 亿元以上直接经济损失

5．根据《中华人民共和国突发事件应对法》的规定，自然灾害、事故灾难和公共卫生事件的预警级别分为四级，即一级、二级、三级和四级，分别用下列何种颜色标示？（　）

A．红、橙、黄、蓝　　B．红、黄、橙、绿

C．红、黄、绿、蓝　　D．黄、红、橙、蓝

6．突发事件的特点是（　）。

A．随机性、状态严重性、事发突然性

B．复杂变异性、事发突然性、高不确定性

C．潜在危险性、状态严重性、高不确定性

D．高不确定性、复杂变异性、潜在危险性

7．事故应急救援的总目标是通过有效的（　），尽可能地降低事故的后果。

A．安全控制措施　　B．医疗救治

C．宣传教育　　D．应急救援行动

8．重大事故的应急救援工作危险性极大，在编制应急预案时必须对应急人员自身的

安全问题进行周密的考虑，制定（　）程序的主要目的是保证应急人员的安全。

A. 应急信息的审核和批准　　B. 出入现场和紧急撤离

C. 现场警戒和交通管制　　D. 危险物质泄漏控制

9. 事故救援的首要任务是（　）。

A. 控制事故扩大　　B. 抢救受害人员

C. 消除事故后果　　D. 抢救国家财产

10. 根据事故发生的特点，事故应急救援的特点是（　）。

A. 迅速、准确、有效　　B. 科学、准确、高效

C. 迅速、便捷、有效　　D. 方便、准确、科学

11. 环科院建立自上而下的应急组织架构体系是（　）。

A. 应急领导小组—应急工作组—应急指挥组

B. 应急领导小组—应急指挥组—应急工作组

C. 应急指挥组—应急领导小组—应急工作组

D. 应急指挥组—应急工作组—应急领导小组

12. 事故应急预案是在事故产生重大灾难（　）采取的有效防护措施。

A. 之前　　B. 之中

C. 之后　　D. 以上都是

13. 应急预案的分类包括综合预案、专项预案、现场预案和（　）。

A. 单项预案　　B. 特殊预案

C. 单位预案　　D. 个别预案

14. 事故应急预案在事故应急救援中起到了关键作用，它明确了事故应急救援的（　）和体系。

A. 内容　　B. 标准

C. 实施方案　　D. 范围

15. 事故应急预案的编制程序可以概括为三个关键的步骤，即（　）。

A. 资料收集、编制阶段、评审发布　　B. 资料收集、能力评估、评审发布

C. 前期准备、编制阶段、演练评估　　D. 前期准备、能力评估、实施预案

16. 应急管理是一个动态的过程，包括哪四个阶段？（　）

A. 预防、准备、响应和恢复　　B. 准备、预防、响应和恢复

C. 准备、响应、预防和恢复　　D. 准备、响应、恢复和预防

17. 事故应急预案现已成为各类突发事故的（　）。

A. 安全基础　　B. 应急基础

C. 安全保证　　D. 基本保证

18. 策划应急预案的基本要求是（　）。

A．科学性、实用性、权威性　　B．整体性、实用性、技术性

C．协调性、实用性、权威性　　D．协调性、实用性、技术性

19．事故应急预案的建立有利于提高（　）。

A．风险防范意识　　B．风险意识

C．安全意识　　D．安全责任

20．应急人员在抢救受害者时应考虑的第一个原则是（　）。

A．员工和应急人员的安全优先　　B．妇女儿童优先

C．保护环境优先　　D．防止事故的扩展优先

21．事故应急预案的核心内容之一是对事故灾害及其后果的预测、（　）和评估。

A．判断　　B．评价

C．认知　　D．辨识

22．应急演练有哪几种形式？（　）

A．桌面演练、实战演练　　B．个体演练、实战演练

C．桌面演练、集中演练　　D．集体演练、个体演练

23．应急准备的目标是保持重大事故应急救援所需（　）。

A．应急能力　　B．应急条件

C．应急安排　　D．应急需要

24．演练的整改项是在（　）过程中观察识别出来的。

A．评价　　B．演练

C．检验　　D．总结

25．演练的不足项是指演练过程中观察或识别出的（　）缺陷。

A．预案内容　　B．预案形式

C．应急准备　　D．应急内容

26．控制造成事故的（　）是事故救援的重要任务。

A．事故危害　　B．危险源

C．事故隐患　　D．以上都不是

27．关于单位编制应急预案，下列做法正确的是（　）。

A．由本单位工会领导组织成立应急预案编制工作组

B．应急预案的评审均由上级主管部门或地方政府安全监管部门组织

C．预案评审后，经主要负责人签署发布并上报有关部门备案

D．除评估本单位应急能力外，还应评估相邻单位应急能力

28．应急响应是事故发生（　）采取的应急和救援行动。

A．之前　　B．之中

C．之后　　D．以上都不是

29．事故发生后，要查清事故原因，评估（　）。

A．人员伤害情况　　B．危害程度

C．损失情况　　D．以上都不是

30．应急危险分析涉及的内容有（　）。

A．危险辨识注意事项、结果和评价　　B．危害辨识与风险评价程序

C．重大危险源辨识　　D．以上都包括

31．要求由安全的专业人员进行全面、有序辨识危险、有害因素的方法叫（　）。

A．系统安全分析方法　　B．系统经验分析方法

C．直观经验分析方法　　D．直观安全分析方法

32．应急演练的基本任务是：检验、评价和（　）应急能力。

A．保护　　B．论证

C．协调　　D．保持

33．反复出现前次演练出现的问题可以定为（　）。

A．不足项　　B．改进项

C．重点问题　　D．重点整改项

34．事故应急救援行动必须做到迅速，所谓迅速是要求建立（　）。

A．事故应急预案　　B．事故处理机制

C．应急响应机制　　D．保障措施

35．应急演练结束后应对演练的效果做出评价，并提交演练报告。演练报告必须详细说明的内容是（　）。

A．应急演练的准备　　B．应急演练的策划

C．应急演练过程中发现的问题　　D．应急预案的结构及内容

36．全面演练指针对事故应急预案中全部或大部分应急响应功能，（　）应急组织应急运行能力的演练活动。

A．检验、评价和保持　　B．检验、评估和保持

C．检查、评价和保持　　D．验收、评价和保持

37．实验室突发事件的预防不包括（　）。

A．仪器设备的更新配备与核查　　B．实验室检测方法的建立

C．应急组织体系的建立　　D．实验室人员的培训

38．事故应急救援工作应强调（　）的应急准备。

A．上级单位　　B．本单位

C．全社会　　D．以上都是

39．演练的改进项指（　）过程中应予改善的问题。

A．应急准备　　B．应急响应

C．应急演练　　D．以上都不是

40．火灾致命最主要的原因是（　）。

A．中毒　　B．被人践踏

C．窒息　　D．烧伤

41．①个人防护措施；②事故报警；③紧急情况下人员的安全疏散；④对潜在事故的辩识；⑤灭火器的使用以及灭火步骤的训练。应急培训一般包括（　）。

A．①②③④⑤　　B．①③⑤

C．②③④　　D．①②④⑤

42．发现人员触电时，应采取（　）使之脱离电源。

A．立即用手拉开触电人员　　B．大声呼救

C．用绝缘物体拨开电源或触电者　　D．用铁棍拨开电源线

43．参加泄漏处理人员应对泄漏品的化学性质和反应特征有充分的了解，要在（　）地理位置上进行处理。

A．上风　　B．高处和上风

C．低处　　D．低处和下风

44．任何原因致现场空气中氧浓度低于（　）时，可使人立即意识丧失或电击式死亡。

A．14%　　B．15%

C．22%　　D．25%

45．易燃气体是指温度 20℃、标准大气压 101.3 kPa 时，爆炸下限≤13%，或燃烧范围不小于（　）个百分点的气体。

A．8　　B．12

C．15　　D．20

46．遇水容易燃烧爆炸的金属是（　）。

A．铜　　B．铅

C．铁　　D．钾

47．危险化学品泄漏处置中社会联动要求高是由于（　）。

A．危险化学品泄漏现场处置需要消防、公安、武警、医疗救护、市政公用部门、交通运输部门、环保等多部门共同参与，才能完善处置

B．危险化学品泄漏现场处置需要所有人员穿戴个人防护衣服

C．危险化学品泄漏现场处置需要所有人员佩戴防护面具

D．危险化学品泄漏现场处置需要所有现场人员远离事故现场

48．有机磷杀虫药中毒，在人体分布最多的器官为（　）。

A．心脏　　B．肝脏

C．肺　　D．大脑

49．对受伤人员进行急救的第一步应该是（　）。

A．观察伤者有无意识　B．对出血部位进行包扎

C．进行胸外心脏按压　D．在伤者耳边呼叫

50．救护人员判断伤者有无意识，正确的做法是（　）。

A．轻拍伤者的两侧肩部，大声呼唤　B．看伤者瞳孔

C．摇晃伤者身体，大声呼唤　D．测伤者脉搏

51．实施胸外心脏按压时，应使伤者（　）。

A．俯卧在硬质平面上　B．仰卧在硬质平面上

C．侧卧在硬质平面上　D．平卧位

52．以下（　）症状应判断为伤者无呼吸。

A．感受伤者口鼻处空气进出较弱　B．胸部有起伏

C．感到伤者呼吸急促　D．胸部有起伏，但口鼻处感受不到空气进出

53．救护人员在救治的过程中应该遵循的原则是（　）。

A．先治病后救命　B．先救命后治病

C．先轻伤后重伤　D．有病治病，有命救命

54．进行口对口人工呼吸时，以下表述错误的是（　）。

A．吹气时，要用手捏住伤者的鼻子　B．每次吹气之间应有一定的间隙

C．每分钟一般吹气次数为 8～10 次　D．每分钟一般吹气次数为 10～12 次

55．胸外心脏按压频率为（　）。

A．60 次/min　B．80 次/min

C．100 次/min　D．120 次/min

56．撞伤、扭伤在损伤初期（　）内，应及早冷敷，以使伤处血管收缩，减轻局部充血与疼痛，不宜热敷或按摩，以免加剧伤处小血管出血。

A．0～12 h　B．12～24 h

C．24～36 h　D．24～48 h

57．在意外事故现场，对伤者判断是否心跳停止，最迅速有效的方法是（　）。

A．观察反应　B．摸动脉搏动

C．听心音　D．测血压

58．判断成人有无心跳，一般检查（　）。

A．颈动脉　B．肱动脉

C．股动脉　D．锁骨下动脉

59．在下列确认伤者有无意识的方法中，不宜采用的是（　）。

A．在伤者耳边呼叫　B．轻轻拍打伤者肩部

C．用力敲打伤者头部　D．边呼叫边拍打伤者肩部

60．判断口对口人工呼吸法是否正确有效，首先观察（　）。

A．口唇发绀是否改善　　B．胸廓是否扩张

C．瞳孔是否缩小　　D．心跳有无恢复

61．进行胸外心脏按压时，应用（　）放在按压位置。

A．手背面　　B．手心位置

C．手掌指端部位　　D．手掌掌根部位

62．当被烧伤时，正确的急救方法应该是（　）。

A．以最快的速度用冷水冲洗烧伤部位　　B．立即用嘴吹灼伤部位

C．立刻包扎　　D．立刻送医院

63．头颈部创伤的伤者用以下哪种方法打开气道?（　）

A．仰头抬颈法　　B．仰头举颏法

C．压额抬颌法　　D．托颌法

64．现场心肺复苏操作首要步骤是（　）。

A．心前区叩击　　B．开放气道，保持呼吸道通畅

C．口对口人工呼吸　　D．胸外心脏按压

65．成人心肺复苏时打开气道的最常用方式为（　）。

A．仰头举颏法　　B．双手推举下颌法

C．托颏法　　D．托颈法

66．有关包扎的表达，错误的是（　）。

A．包扎动作要轻柔，不要触及伤口

B．包扎松紧要适宜

C．包扎时要保持伤员体位舒适

D．包扎方向由近心端向远心端，注意露出肢体末端

67．头部发生创伤的人员，在送往医院前，采取下列急救措施中，（　）是不正确的。

A．尽量减少不必要的活动

B．给伤者服止痛片止痛

C．运送途中应把伤者的头转向一侧，便于清除呕吐物

D．仔细观察伤者病情变化

68．用于中毒后催吐和洗胃的防护化学药品是（　）。

A．碘伏　　B．75%乙醇

C．1∶5 000的高锰酸钾　　D．1%硫酸铜

69．以下（　）出血最具危险性，如不及时处理将造成生命危险。

A．毛细血管出血　　B．静脉出血

C．动脉出血　　D．以上都是

70. 人工呼吸时属于有效的通气的是（　）。

A. 通气有阻力　　B. 胸廓有起伏

C. 通气大于 5 s　　D. 胸廓无起伏

71. 结扎止血带时应尽量靠近伤口，选择部位时宜在上臂（　）。

A. 上 1/2 处　　B. 下 1/2 处

C. 上 1/3 处　　D. 下 1/3 处

72. 成人心肺复苏时胸外按压的深度为（　）。

A. 胸廓前后径的一半　　B. 2～3 cm

C. 4～5 cm　　D. 6～7 cm

73. 成人进行心肺复苏时，胸外按压部位是（　）。

A. 胸骨上段　　B. 胸骨中段

C. 胸骨下段　　D. 胸骨中下 1/3 交界处

74. 初期心肺复苏的任务和步骤的正确顺序是（　）。

A. 保持呼吸道通畅，口对口人工呼吸，胸外心脏按压

B. 保持呼吸道通畅，胸外心脏按压，口对口人工呼吸

C. 胸外心脏按压，保持呼吸道通畅，口对口人工呼吸

D. 口对口人工呼吸，胸外心脏按压，保持呼吸道通畅

75. 救治者对有脉搏成人患者只人工呼吸而不需要胸外按压的频率为（　）。

A. 12～20 次/min　　B. 8～10 次/min

C. 10～12 次/min　　D. 6～12 次/min

76. 结扎止血带时应尽量靠近伤口，选择部位时宜在大腿（　）。

A. 上 1/3 处　　B. 下 1/3 处

C. 上 2/3 处　　D. 下 2/3 处

77. 四肢大动脉出血或采用加压包扎后不能有效控制的大出血应采用（　）。

A. 加压包扎止血法　　B. 止血带止血法

C. 指压止血法　　D. 按压止血法

78. 四肢小动脉、中小静脉或毛细血管出血应采用（　）。

A. 加压包扎止血法　　B. 按压止血法

C. 指压止血法　　D. 止血带止血法

79. 直接压迫止血法，适用于较小伤口的出血，用无菌纱布直接压迫伤口处，压迫时间约（　）。

A. 3 min　　B. 5 min

C. 10 min　　D. 15 min

80. 绷带包扎顺序原则上应为（　）。

A．从上向下，从左向右，从远心端向近心端
B．从上向下，从右向左，从近心端向远心端
C．从下向上，从左向右，从远心端向近心端
D．从下向上，从右向左，从远心端向近心端

81．（　）血管出血速度快、量多、危害性大。
A．动脉　　B．静脉
C．毛细血管　　D．外周血管

82．（　）适用于头顶及颞部动脉出血。
A．颌外动脉压迫止血法　　B．颈总动脉压迫止血法
C．颞动脉压迫止血法　　D．锁骨下动脉压迫止血法

83．固定的目的是（　）。
A．复位　　B．防止骨折断端移位
C．止血　　D．防止污染

84．静脉出血时的血液颜色呈（　）。
A．鲜红色　　B．暗红色
C．鲜红色变暗红色　　D．暗红色变鲜红色

85．伤口包扎时应遵循（　）“四要”。
A．快、稳、准、牢　　B．快、准、紧、牢
C．快、全、轻、牢　　D．快、准、轻、牢

86．担架搬运时（　）。
A．伤员头部向后，足部向前　　B．伤员仰卧，足部向前
C．伤员仰卧，足部向后　　D．伤员俯卧，足部向前

87．伤口包扎时应做到（　）“五不”。
A．不摸、不冲、不送、不作标记、不上药
B．不摸、不冲、不取、不送、不上药
C．不摸、不冲、不止痛、不取、不上药
D．不摸、不冲、不送、不取、不止血

88．搬运昏迷伤员时应取的体位是（　）。
A．侧卧位，下肢屈曲　　B．侧卧位，头偏向一侧
C．仰卧位，下肢屈曲　　D．仰卧位，头偏向一侧

89．包扎止血法不能用的物品是（　）。
A．绷带　　B．三角巾
C．止血带　　D．麻绳

90．指压止血法是现场急救中常用简便的止血方法，但不适用于人体（　）部位的出血。

A．胸部　　B．颈部
C．四肢　　D．头部

91．发生危险化学品丢失、被盗、泄漏等安全事故时，事故实验室应立即上报，采取有效控制措施，启动（　）。

A．应急预案　　B．内部管控措施
C．安全预案　　D．一级防护屏障

92．药品汞旁可放（　）备用，发生遗撒时可迅速补救。

A．硫粉　　B．锌粉
C．煤粉　　D．石灰粉

93．实验室发生苯酚泄漏时应采取（　）。

A．用沙土覆盖　　B．用水冲洗
C．直接清扫　　D．用酸处理

94．溴灼伤处理方法的正确顺序是（　）。

①送医院；②用大量水冲洗；③用乙醇擦至灼伤处为白色。

A．③②①　　B．②①③
C．③①②　　D．②③①

95．少量酸不慎滴在皮肤上，正确处理方式是（　）。

A．用大量水冲洗　　B．不作处理，送医院
C．用酒精擦拭　　D．用碱液中和

96．在实验过程中闻到浓异味时，应（　）。

A．关机离开　　B．断电并报告管理人员
C．打开通风装置　　D．继续进行实验

97．部分废液混合可能发生危险，应（　）。

A．直接倒入下水口　　B．正常混合，可能没事
C．随生活垃圾丢弃　　D．单独收集存放，贴好标签

98．实验中溅入口中已下咽的强碱，先饮用大量水，再服用（　）。

A．氢氧化铝膏，鸡蛋白

B．乙酸果汁，鸡蛋白

C．硫酸铜溶液（30 g 溶于一杯水中）催吐

D．牛奶

99．如果有化学品进入眼睛，应立即（　）。

A．滴氯霉素眼药水　　B．用大量清水冲洗眼睛
C．用干净手帕擦拭　　D．送医治疗

二、多选题

1. 环科院根据实验室特点和事故类型、适用的范围和救援的任务，提出的应急预案工作原则是（　）。

A. 以人为本，安全第一　　B. 统一领导，分级负责

C. 依靠科学，依法规范　　D. 预防为主，平战结合

2. 按照国务院《生产安全事故报告和调查处理条例》，安全事故分为特别重大事故（Ⅰ级）、重大事故（Ⅱ级）、较大事故（Ⅲ级）和一般事故（Ⅳ级），其中重大事故（Ⅱ级），是指造成（　）的事故。

A. 10 人（含）以上 30 人以下死亡

B. 50 人（含）以上 100 人以下重伤

C. 5 000 万元（含）以上 1 亿元以下直接经济损失

D. 60 人（含）以上 200 人以下重伤

3. 按照国务院《生产安全事故报告和调查处理条例》，安全事故分为特别重大事故（Ⅰ级）、重大事故（Ⅱ级）、较大事故（Ⅲ级）和一般事故（Ⅳ级），其中较大事故（Ⅲ级），是指造成（　）的事故。

A. 10 人（含）以上 30 人以下死亡

B. 10 人（含）以上 50 人以下重伤

C. 1 000 万元（含）以上 5 000 万元以下直接经济损失

D. 3 人（含）以上 10 人以下死亡

4. 应急预案应列出应急工作所面临的潜在重大危险及后果预测，给出区域的地理、气象、人文等有关环境信息，具体包括（　）。

A. 主要危险物质及环境污染因子的种类、数量及特性

B. 重大危险源的数量及分布

C. 潜在的重大事故、灾害类型、影响区域及后果

D. 重要保护目标的划分与分布情况

5. 应急预案的管理实行（　）的原则。

A. 属地为主　　B. 动态管理

C. 分级负责　　D. 分类指导

6. 策划应急预案时应该考虑的因素有（　）。

A. 国家级地方法律法规的要求

B. 本地区重大危险源普查的结果

C. 已制订的应急预案的情况

D．本地区地质、气象、水文等不利的自然因素及其影响

7．应急预案的编制应当遵循（　）的原则，以应急处置为核心，明确应急职责、规范应急程序、细化保障措施。

A．以人为本　　B．依法依规

C．符合实际　　D．注重实效

8．应急准备包括（　）。

A．教育、训练与演练　　B．应急资源

C．医疗和卫生　　D．必要的互助协议

9．应急演练过程中发现问题应包括（　）。

A．不足项　　B．改进项

C．整改项　　D．错误项

10．在应急过程中，人群疏散是减少人员伤亡的关键。在进行人群疏散时，应充分考虑的问题有（　）。

A．疏散人群的数量　　B．疏散所需的时间

C．风向等环境变化　　D．疏散线路的风险

11．部门应急预案应当根据本地区、本部门的实际情况，明确（　）等内容。

A．信息报告　　B．响应分级

C．指挥权移交　　D．警戒疏散

12．必须要进行安全培训的人员有（　）。

A．单位主要负责人　　B．安全管理人员和从业人员

C．特种作业人员　　D．其他从业人员

13．影响粉尘爆炸的因素有（　）。

A．颗粒度　　B．挥发分

C．水分　　D．灰分

14．易燃气体的火灾危险性包括（　）。

A．带电性　　B．扩散性

C．流动性　　D．可缩性

15．烫伤与烧伤应急要点有（　）。

A．隔断热源　　B．清水冲洗伤口

C．遮盖伤处　　D．立即送医院

16．下列关于遇水放出易燃气体物质的叙述，正确的是（　）。

A．遇水或遇酸燃烧性的物质，应用干沙、干粉灭火剂、二氧化碳灭火剂等进行扑救

B．遇水或遇酸燃烧性的物质，在着火时可以用水及泡沫灭火剂扑救

C．一些遇水放出易燃气体物质，如碳化钙（电石）等，由于和水作用生成可燃气体

与空气形成爆炸性混合物

D．有些遇水放出易燃气体的物质，如金属碳化物、硼氢化合物，放置于空气中即具有自燃性，有的（如氰化钾）遇水能生成可燃气体放出热量而具有自燃性

17．下列关于易燃液体的火灾危险性描述，正确的是（ ）。

A．易燃液体的挥发性越弱，爆炸危险就越大

B．易燃液体燃烧的难易程度，即火灾危险的大小，主要取决于它们的分子结构和分子量的大小

C．多数易燃液体在灌注、输送、喷流过程中能够产生静电，有引起着火或爆炸的危险

D．夏季盛装易燃液体的桶，常出现鼓桶现象及玻璃容器爆裂现象，是受热膨胀所致

18．遇压缩或液化气体火灾时，应采取以下哪些措施？（ ）

A．首先应扑灭外围被火源引燃的可燃物火势，切断火势蔓延途径，控制燃烧范围，并积极抢救受伤和被困人员

B．如果是输气管道泄漏着火，应设法找到气源阀门

C．储罐或管道泄漏且关阀无效时，应根据火势判断气体压力和泄漏口的大小及其形状，准备好相应的堵漏材料

D．火扑灭后，应立即用堵漏材料堵漏，同时用雾状水稀释和驱散泄漏出来的气体

19．遇易燃液体火灾时，应采取以下哪些措施？（ ）

A．及时了解和掌握着火液体的品名、密度、水溶性、有无毒性、腐蚀、沸溢等危险性，以便采取相应的灭火和防护措施

B．切断火势蔓延的途径，冷却和疏散受火势威胁的压力及密闭容器和可燃物，控制燃烧范围，并积极抢救受伤和被困人员

C．如有液体流淌时，应筑堤拦截流淌的易燃液体或挖沟导流

D．根据其相对密度、水溶性和燃烧面积大小，选择正确的灭火剂扑救

20．遇爆炸物品火灾时，应采取以下哪些措施？（ ）

A．判断和查明再次发生爆炸的可能性和危险性，采取一切可能的措施，制止再次爆炸的发生

B．扑救爆炸物品堆垛时，水流应采用吊射方式，避免强力水流直接冲击堆垛

C．灭火人员应尽量利用现场现成的掩蔽体或尽量采用卧姿等低势射水

D．切忌用沙土盖压，以免增强爆炸物品爆炸时的压力

21．危险化学品泄漏可能酿成（ ）。

A．人员伤亡　　B．沙尘暴

C．爆炸　　D．火灾

22．下列关于爆炸品的叙述中，正确的是（ ）。

A．爆炸品属于危险品的一种

B．爆炸品的主要危险特性包括爆炸性和敏感性

C．任何一种爆炸品的爆炸都需要外界供给它一定的能量——起爆能

D．影响炸药敏感度的决定因素是外来因素，包括温度、杂质、结晶、密度等

23．以下哪些属于危险化学品事故特点？（ ）

A．伤害人员多　　B．受灾范围广

C．连锁危害大　　D．处置难度大

24．易燃易爆危险品是指容易燃烧爆炸的危险品，其中包括（ ）。

A．有机过氧化物　　B．有毒品

C．氧化性物质　　D．易于自燃的物质

25．以下哪些是危险品泄漏处理措施？（ ）

A．及时向卫生部门报告，并通知有关安全责任人

B．提供清理溢出物的必要物品

C．疏散现场人员

D．使用消毒剂处理

26．所有处于燃烧浓度范围之内的易燃气体，遇火源都可能发生火灾或爆炸，下列关于易燃气体的火灾危险性的说法，不正确的是（ ）。

A．易燃气体的主要危险性是易燃易爆性

B．复杂成分组成的气体比简单成分组成的气体易燃，着火爆炸危险性大

C．易燃气体由于分子间距大，排斥力大，相互作用小，非常容易扩散

D．价键饱和的易燃气体比相应价键不饱和的易燃气体的火灾危险性大

27．在处理危险化学品泄漏事故中，以下属于个人防护要求的是（ ）。

A．穿简易或重型防化服或防静电服

B．佩戴空（氧）气呼吸器

C．如氯气泄漏必须佩戴正压式防毒面具

D．穿厚衣服

28．氧化性物质和有机过氧化物具有强烈的氧化性，在不同条件下，遇酸和碱、受热、受潮或接触有机物、还原剂即能分解放出氧，发生氧化还原反应，引起燃烧。下列说法中正确的是（ ）。

A．氧化性物质按物质形态，可分为固体氧化性物质和液体氧化性物质

B．氧化性物质有极强的氧化性，本身不燃烧，但与可燃物作用能发生着火和爆炸

C．有机过氧化物的火灾危险性主要取决于物质本身的过氧基含量和分解温度。过氧基含量越多，其热分解温度越高，则火灾危险性就越大

D．高锰酸钾吸水后形成的液体，接触纸张、棉布等有机物，能立即引起燃烧，着火时禁用水扑救

29．特殊化学品的火灾需注意以下哪些事项？（　）

A．对于遇湿易燃物品火灾，禁止用水、泡沫、酸碱等湿性灭火剂扑救

B．氧化剂和有机过氧化物的灭火比较复杂，应针对具体物质具体分析

C．扑救 2,4-二硝基苯甲醚、二硝基萘、萘等易燃固体、自燃物品时，应不时向燃烧区域上空及周围喷射雾状水，并消除周围一切火源

D．扑救毒害品和腐蚀品的火灾时，应尽量使用低压水流或雾状水，避免腐蚀品、毒害品溅出

30．实验室突发事件种类包括（　）。

A．灾害性突发事件　　B．人源性突发事件

C．生物性突发事件　　D．物理性突发事件

31．以下哪些是生物性突发事件的原因？（　）

A．工作人员实验操作不当

B．高危险性微生物在低级别的生物安全防护实验室操作

C．实验室本身建筑结构不合理

D．实验室乱扔烟头

32．当异物进入眼内，采用以下方法中，正确的是（　）。

A．反复眨眼，用眼泪将异物冲出来

B．用清水冲洗眼睛

C．冲洗时将伤眼一侧朝向下方，用食指和拇指扒开眼皮，尽可能使眼内的异物全部冲出

D．用手揉眼，把异物揉出来

33．对于创伤伤员伤口处理的原则，正确的是（　）。

A．有骨折要进行临时固定

B．及时用止血带止血

C．伤口内异物不要随意去除

D．创面中有外露的骨折断端，严禁回纳入伤口

34．烫伤后的应急处置有哪些？（　）

A．尽快使伤员脱离现场，并立即去除致伤的因素，如尽快脱去着火或沸液浸渍的衣服，特别是化纤衣服

B．认真检查体外复合伤，并做好止血、包扎、固定等处理

C．烧伤重的患者要尽可能地暴露烧伤创面，并立即用专门的药膏外涂并以纱布包扎

D．对于路程较远的危重伤员，原则上就近抢救

35．中毒后的应急处置有哪些？（　）

A．吸入刺激性气体中毒者，应迅速将其转移出中毒现场，向上风向转移至新鲜空气

处，松开患者衣领，使其呼吸通畅，及时送医救治

B．重金属中毒者，喝含硫酸镁的水溶液，立即催吐

C．砷和汞化物中毒者，应紧急就医

D．误服毒物中毒者，须立即催吐、洗胃或导泻

36．在创伤急救止血时，常用的止血方法有（　）。

A．指压止血法　　B．加压包扎法

C．止血带止血法　　D．加垫屈肢止血法

37．关于口对口人工呼吸，以下说法正确的是（　）。

A．保持呼吸道通畅

B．吹气要深而快，每次吹气量 800～1 200 mL

C．左手捏闭鼻孔

D．右手托下颌

38．常用的包扎物品有（　）。

A．绷带　　B．三角巾

C．多头带　　D．四头带

39．外伤救护的基本技术包括（　）。

A．止血　　B．包扎

C．固定　　D．搬运

40．有关胸外心脏按压，正确的是（　）。

A．按压频率 100 次/min　　B．平卧，背部垫硬木板

C．按压部位在心尖区　　D．按压时间与放松时间相同

41．下列哪几项是心肺复苏有效的指征？（　）

A．出现应答反应　　B．可扪及颈动脉、股动脉搏动

C．呼吸改善　　D．收缩压在 65 mmHg 以上

42．关于伤员的转送，正确的是（　）。

A．对昏迷病人，应将头偏向一侧　　B．途中严密观察病情

C．遇有导管脱出应立即插入　　D．途中不能中断抢救

43．触电后若无法切断电源开关，可用以下哪些方法使触电者脱离电源？（　）

A．用干燥的木棍、竹竿等挑开触电者身上的带电设备

B．直接用手拉触电者，使其脱离电源

C．用绝缘体将手包住，拉触电者使其脱离电源

D．站在干燥的木板上，拉触电者使其脱离电源

44．使用止血带紧急止血，正确的是（　）。

A．扎在近心端、尽量靠近伤口处　　B．持续止血避免放松

C．需垫以衬垫且须垫平　　D．做明显标记

45．关于胸外心脏按压，正确的是（　）。

A．双手叠加，掌根部放在胸骨中下 1/3 处垂直按压

B．单人复苏时按压与呼吸频率比为 15∶2

C．按压频率：成人 100 次/min

D．按压/放松时间比为 1∶1

46．固定的目的是（　）。

A．减轻疼痛　　B．减少伤部活动

C．防止再损伤　　D．便于伤员搬运

47．有关包扎的叙述，正确的是（　）。

A．包扎动作要轻柔，不要触及伤口

B．包扎时要保持伤员体位舒适

C．包扎时应在肢体的外侧面打结，不要打在伤口上

D．包扎松紧要适宜

48．包扎的目的是（　）。

A．固定敷料　　B．压迫止血

C．减轻疼痛　　D．保护伤口免受再污染

49．动脉出血的特点有（　）。

A．血色鲜红　　B．呈喷射状

C．血流急　　D．多发生在断裂血管的近心端

50．绷带包扎中正确的做法是（　）。

A．根据受伤部位，选择合适的包扎用物及包扎方法

B．包扎松紧适度

C．包扎前注意创面的清理、消毒，预防伤口感染

D．包扎顺序原则上应从下向上，从左向右，从远心端向近心端

51．应用止血带时正确的方法是（　）。

A．止血带应扎在伤口的近心端，并应尽量靠近伤口

B．上臂扎止血带时，应扎在中 1/3 处，以防损伤桡神经

C．前臂和小腿不适于扎止血带

D．止血带与皮肤之间应加衬垫，以免损伤皮肤

52．有关骨折临时固定的叙述，正确的是（　）。

A．处理顺序是止血、包扎、固定

B．夹板与皮肤间要加衬垫

C．夹板长度必须超过骨折的上、下两个关节

D．肢体骨折固定时，要将指（趾）端露出，以便随时观察末梢血液循环情况

53．下列哪些物质引起的皮肤灼伤禁用水洗？（　）

A．冰醋酸　　B．五氧化二磷

C．五硫化磷　　D．五氯化磷

三、判断题

1．事故应急救援的总目标是降低事故的后果。（　）

2．突发事件应对工作实行预防为主、防治结合的原则。（　）

3．一旦发生实验室安全事故，第一要务是报警，并迅速判断事故是否可控。（　）

4．专项应急预案应当规定应急指挥机构与职责、处置程序和措施等内容。（　）

5．及时控制事故的危险源是事故应急救援的首要任务。（　）

6．应急预案是针对可能发生的事故，为迅速、有序地开展应急行动而预先制订的行动方案。（　）

7．消除危害后果、做好现场恢复也是事故应急救援的一项基本任务。（　）

8．应急演练的基本任务是检验、评价和保持应急能力。（　）

9．事故救援的应急行动要求在事故第一现场做出有效的反应。（　）

10．由于事故发生的不确定性和不可预见，因此应急活动具有复杂性的特点。（　）

11．单位主要负责人负责组织编制和实施本单位的应急预案，并对应急预案的真实性和实用性负责。（　）

12．事故应急救援行动要求迅速、准确、有效，这是由于事故具有易猝变、激化和扩大的特点。（　）

13．建立事故应急预案是抵御风险或控制灾害蔓延的手段。（　）

14．应急队伍建设与训练、应急设备等都是应急行动有效性的基本组成部分。（　）

15．在生产过程中，发现安全防护装置对操作带来不便，可以不用或者拆除。（　）

16．应急响应是在事故发生后采取的事故应急救援行动。（　）

17．应急响应的目标是尽可能抢救受害人员。（　）

18．事故应急预案演练可分为不同规模的演练方法，对预案的完整性和周密性进行评估。（　）

19．根据重大事故发生的特点，应急救援的特点是：行动必须做到迅速、准确和有效。（　）

20．制订事故应急预案有利于降低事故的危害程度。（　）

21．应急管理中的预防指通过安全管理和安全技术手段，尽可能地防止事故的发生。（　）

22．应急管理由预防、准备、响应和恢复四个阶段构成，它们相互关联，构成了应急

管理的循环过程。（ ）

23. 专项应急预案应当包括危险性分析、可能发生的事故特征、应急组织机构与职责、预防措施、应急处置程序和应急保障等内容。（ ）

24. 应急管理中的预防指通过安全管理和安全技术手段，尽可能地防止事故的发生。（ ）

25. 实验完毕后忘记关电源，导致电器通电时间过长，温度过高可造成生物性突发事件。（ ）

26. 扑救电气火灾，首先应做的是切断电源。（ ）

27. 切断火源对化学品的泄漏处理特别重要，如果泄漏物品是易燃品，必须立即消除泄漏污染区域的各种火源。（ ）

28. 当有人被烧伤时，以最快的速度用冷水冲洗烧伤部位。（ ）

29. 发现危险化学品泄漏，这时一定要拨打“120”报警，请求救援。（ ）

30. 遇上发生火灾，应躲在有新鲜空气的窗户边等待救援。（ ）

31. 如果化学品为液体，泄漏到地面上时会四处蔓延扩散，难以收集处理。当泄漏量少时，可用沙子、吸附材料、中和材料等吸收中和。（ ）

32. 发生硫化氢泄漏时，除了佩戴正压式呼吸器的应急人员外，其他人员应向上风、高点的位置撤离集合。（ ）

33. 可燃气体泄漏时，严禁开关电器设备，如手机、对讲机、手电筒等。（ ）

34. 泄漏物正在燃烧时，只要是稳定型燃烧，一般要急于灭火。（ ）

35. 化学品泄漏时，除受过特别训练的人员外，其他任何人员不得试图清除泄漏物。（ ）

36. 危险化学品泄漏事故处置是消防部队参加的各类抢险救援活动中风险最大、难度最高的。（ ）

37. 当有异物进入眼内，应用手揉眼，把异物揉出来。（ ）

38. 参加泄漏处理人员应对泄漏品的化学性质和反应特征有充分的了解，于低处和下风处进行处理，严禁单独行动，要有监护人。（ ）

39. 如果泄漏物是有毒的，应使用专用防护服、隔绝式空气面具，立即在事故中心区边界设置警戒线，根据事故情况和事故发展，确定事故波及区人员的撤离。（ ）

40. 进入泄漏现场进行处理时，应注意安全防护，进入现场救援人员必须配备必要的个人防护器具。（ ）

41. 有异物刺入头部或胸部时，应马上拔出，用纱布简单包扎后送医院抢救。（ ）

42. 高危险性微生物在低级别的生物安全防护实验室操作可造成生物性突发事件。（ ）

43. 动脉出血血色呈鲜红色，静脉出血血色呈暗红色。（ ）

44. 外伤患者前臂或手大出血止血带应扎在上臂上 1/3 处，不能扎在上臂的中肱骨中下 1/3 处，因该处神经走行贴近肱骨，易被损伤。（ ）

45. 上止血带时间不宜超过 3 h，每 30～60 min 松止血带 1 次。（ ）

46. 止血带止血法适用于四肢大出血，当其他止血法不能止血时才用此法。（ ）

47. 颞动脉压迫止血法适用于肋部及面部的出血。（ ）

48. 肱动脉压迫止血法适用于手、前臂及上臂下部的出血。（ ）

49. 皮肤烧伤后如有水泡，应及时将水泡刺破，以利于其恢复。（ ）

50. 进行人工呼吸前，应先清除患者口腔内的痰、血块和其他杂物等，以保证呼吸道通畅。（ ）

51. 眼灼伤时立即用大量流动清水冲洗，也可把面部浸入充满流动水的器皿中，转动头部、张大眼睛进行清洗，冲洗 1～2 min。（ ）

52. 进行胸外心脏按压时，按压深度不能超过 2 cm，否则会造成伤者肋骨骨折。（ ）

53. 创伤急救基本技术包括通气、止血、包扎、固定和搬运。（ ）

54. 碘伏是用于中毒后催吐和洗胃的防护化学药品。（ ）

55. 肢体骨折固定时，夹板长度一定要超过骨折的上、下一关节。（ ）

56. 呼吸道吸入是造成大部分实验室有毒物质侵入人体最主要途径。（ ）

57. 发生危险化学品丢失、被盗、泄漏等安全事故时，事故实验室应立即采取行动追查。（ ）

58. 若吸入少量硫化氢感到不适，应立即到室外呼吸新鲜空气。（ ）

59. 发生化学事故后，现场人员应向上风或侧上风向迅速撤离。（ ）

60. 有毒药品溅在皮肤上时，可用有机溶剂擦洗。（ ）

参考答案

一、单选题

1. D 2. C 3. B 4. A 5. A 6. D 7. D 8. B 9. B 10. A 11. B 12. A 13. A 14. D 15. C 16. A 17. B 18. A 19. A 20. A 21. D 22. A 23. A 24. B 25. C 26. B 27. C 28. C 29. B 30. D 31. A 32. D 33. A 34. C 35. C 36. A 37. B 38. B 39. A 40. C 41. A 42. C 43. B 44. A 45. B 46. D 47. A 48. B 49. A 50. A 51. B 52. D 53. B 54. C 55. C 56. D 57. B 58. A 59. C 60. B 61. D 62. A 63. D 64. B 65. A 66. D 67. B 68. C 69. C 70. B 71. A 72. C 73. D 74. A 75. C 76. C 77. B 78. A 79. C 80. C 81. A 82. C 83. B 84. B 85. D 86. A 87. B 88. B 89. D 90. A 91. A 92. A 93. A 94. D 95. A 96. B 97. D 98. B 99. B

二、多选题

1. ABCD 2. ABC 3. BCD 4. ABCD 5. ABCD 6. ABCD 7. ABCD 8. ABD 9. ABC 10. ABCD 11. ABCD 12. ABCD 13. ABC 14. ABD 15. ABCD 16. ACD 17. BCD 18. ABCD 19. ABCD 20. ABCD 21. ACD 22. ABC 23. ABCD 24. ACD 25. ABC 26. BD 27. ABC 28. ABCD 29. ABCD 30. ACD 31. ABC 32. ABC 33. ABCD 34. ABCD 35. ACD 36. ABCD 37. ABCD 38. ABCD 39. ABCD 40. ABD 41. ABCD 42. ABD 43. ACD 44. ACD 45. ACD 46. ABCD 47. ABCD 48. ABCD 49. ABCD 50. ABCD 51. ACD 52. ABCD 53. BCD

三、判断题

1. 对 2. 对 3. 对 4. 对

5. 错，事故应急救援的首要任务是抢救受害人员

6. 对 7. 对 8. 对 9. 对 10. 对 11. 对 12. 对

13. 对 14. 对

15. 错，不能

16. 对 17. 对 18. 对 19. 对 20. 对 21. 对 22. 对

23. 对 24. 对

25. 错，可造成火灾等突发事件

26. 对 27. 对 28. 对

29．错，拨打“119”报警

30．错，立即离开火场，向没有火灾的地方转移，遇到空气不好要匍匐前进，口鼻要用湿布捂住

31．对　32．对　33．对

34．错，泄漏物正在燃烧时，只要是稳定型燃烧，一般不要急于灭火，应首先用水枪对泄漏燃烧的容器、管道及其周围的容器、管道、阀门等设备以及受到火焰、高温威胁的建筑物进行冷却保护，在充分准备并确有把握处置事故的情况下，方可灭火

35．对　36．对

37．错，应该反复眨眼，用眼泪将异物冲出来或用清水冲洗眼睛

38．错，于高处和上风处进行处理

39．对　40．对

41．错，用毛巾等物将异物固定住，不让其乱动

42．对　43．对

44．错，应扎在上臂下 1/3 处

45．对　46．对

47．错，适用于头顶及颞部动脉出血

48．对

49．错，不可弄破伤口的水泡，以避免细菌感染造成流脓及发炎

50．对

51．错，至少洗 15～20 min

52．错，按压深度为 4～5 cm

53．对

54．错，1∶5 000 的高锰酸钾

55．错，上、下两关节

56．对

57．错，发生危险化学品丢失、被盗、泄漏等安全事故时，事故实验室应立即上报，采取有效控制措施，启动应急预案

58．对　59．对

60．错，有毒药品溅在皮肤上时，不可用有机溶剂擦洗

第十章　实验室辐射安全

一、单选题

1．辐射源是指（　）。

A．放射源

B．放射性同位素

C．可以通过发射电离辐射或释放放射性物质而引起辐射照射的一切物质或实体

D．同位素

2．半衰期 $T_{1/2}$ 和衰变常数 λ 的关系（　）。

A．$T_{1/2}=\ln3/\lambda$　　B．$T_{1/2}=\ln4/\lambda$

C．$T_{1/2}=\ln5/\lambda$　　D．$T_{1/2}=\ln2/\lambda$

3. 人体中存在的天然放射性核素（　）。

A．I-131　　B．Co-60

C．Cs-137　　D．K-40

4．实验室发生辐射事故时，应及时向（　）报告，由本单位主管部门及时向生态环境、卫生、公安部门报告。

A．实验室安全负责人　　B．本单位辐射安全管理部门

C．其他选项都不是　　D．A 和 B

5．以下哪个不是减少电磁辐射的方法？（　）

A．对辐射源进行屏蔽　　B．用布覆盖辐射源

C．辐射源远离敏感物体或人　　D．尽量缩短处于辐射区的时间

6．《电离辐射防护与辐射源安全基本标准》（GB 18871—2002）中，电离辐射警告标志的中文语句是（　）。

A．当心电离辐射　　B．当心射线

C．小心射线　　D．小心电离辐射

7．人体中每天因食物摄入的放射性物质，哪种最多？（　）

A. I-131　　B. K-40

C. I-133　　D. K-41

8. 在粒子能量相同的情况下，下列哪种粒子的穿透力最弱？（ ）

A. γ光子　　B. β粒子

C. α粒子　　D. 中子

9. 辐射致癌属于哪种效应？（ ）

A. 遗传　　B. 应急

C. 确定性　　D. 随机性

10. 世界人口受到的人工辐射源的照射中，居首位的是（ ）。

A. 核能生产　　B. 地下核辐射

C. 大气层核试验　　D. 医疗照射

11. 某元素的同位素是指其（ ）。

A. 核内的中子数和质子数相同

B. 具有相同原子序数但质量不同

C. 核外的电子数与核内的质子数不同

D. 以上都对

12.《放射性同位素与射线装置安全和防护条例》第三条规定，（ ）对全国放射性同位素、射线装置的安全和防护工作实施统一监督管理。

A. 国务院公安主管部门　　B. 国务院卫生主管部门

C. 各级人民政府　　D. 国务院环境保护主管部门

13. 国家对射线装置实行分类管理，根据对人体健康和环境的潜在危害程度，将射线装置分为（ ）。

A. Ⅰ类、Ⅱ类　　B. Ⅰ类、Ⅱ类、Ⅲ类、Ⅳ类

C. Ⅰ类、Ⅱ类、Ⅲ类　　D. Ⅰ类、Ⅱ类、Ⅲ类、Ⅳ类、Ⅴ类

14. 国家对放射源实行分类管理，根据对人体健康和环境的潜在危害程度，将放射源分为（ ）。

A. Ⅰ类、Ⅱ类　　B. Ⅰ类、Ⅱ类、Ⅲ类

C. Ⅰ类、Ⅱ类、Ⅲ类、Ⅳ类　　D. Ⅰ类、Ⅱ类、Ⅲ类、Ⅳ类、Ⅴ类

15.《电磁环境控制限值》（GB 8702—2014）适用于电磁环境中控制（ ）的评价和管理。

A. 电磁辐射　　B. 电场强度

C. 环境质量　　D. 公众暴露

16. 1896 年，法国科学家发现天然放射现象，通常人们把这一重大发现看成是核物理的开端，并以他的名字作为放射性活度单位，此科学家是（ ）。

A．卢瑟福　　B．贝可勒尔

C．居里夫人　　D．汤姆逊

17．以下设备不属于核磁设备组成的是（　）。

A．磁体　　B．机柜

C．液氮罐　　D．探头

18．实验人员都要注意防止被实验设备产生的 X 射线照射，下列能够产生 X 射线的仪器是（　）。

A．气相色谱　　B．液相色谱

C．X 射线衍射仪　　D．721 分光光度计

19．《电磁环境控制限值》（GB 8702—2014）中，频率 50Hz 电磁辐射的磁感应强度 B 控制限值是（　）。

A．10 μT　　B．100 μT

C．20 μT　　D．50 μT

20．《电磁环境控制限值》（GB 8702—2014）中，频率 50Hz 电磁辐射的电场强度 E 控制限值是（　）。

A．50 kV/m　　B．200 kV/m

C．4 kV/m　　D．40 kV/m

21．《放射性同位素与射线装置安全和防护条例》中的放射源是指（　）。

A．能发射射线的所有物质

B．除研究堆和动力堆核燃料循环范畴的材料以外，永久密封在容器中或者严密包层并呈固态的放射性材料

C．非密封在包壳里或者紧密地固结在覆盖层里的放射性物质

D．未密封的放射性物质，当简单封装后就是密封放射源

22．《放射性同位素与射线装置安全和防护条例》中的非密封放射性物质是指（　）。

A．能发射射线的所有物质

B．除研究堆和动力堆核燃料循环范畴的材料以外，永久密封在容器中或者严密包层并呈现固态的放射性材料

C．非永久密封在包壳里或者紧密地固结在覆盖层里的放射性物质

D．未密封的放射性物质，当简单封装后就是密封放射源

23．《电离辐射防护与辐射源安全基本标准》（GB 18871—2002）中将电离辐射对人体健康的有害效应分为（　）。

A．躯体效应和遗传效应

B．随机性效应和确定性效应

C．防止确定性效应的发生，减少随机性效应的发生率，使之达到可以接受的水平

D．防止发生躯体效应，避免发生遗传效应

24．国际放射防护委员会（ICRP）第 60 号出版物指出辐射防护的目的是（　）。

A．躯体效应和遗传效应

B．随机性效应和确定性效应

C．防止确定性效应的发生，减少随机性效应的发生率，使之达到可以接受的水平

D．防止发生躯体效应，避免发生遗传效应

二、多选题

1．辐射工作单位在申请领取许可证前，应当组织编制或者填报环境影响评价文件，并依照国家规定程序报环境保护主管部门审批。环境影响评价文件可分为（　）。

A．环境影响报告书　　B．环境影响报告表

C．环境影响登记表　　D．环境影响记录表

2．辐射工作场所的分区包括有（　）。

A．监督区　　B．控制区

C．工作区　　D．非工作区

3．放射性核素的毒性分组包括（　）。

A．低毒组　　B．中毒组

C．高毒组　　D．极毒组

4．放射性同位素防护的方法有（　）。

A．屏蔽防护　　B．距离防护

C．稀释　　D．时间防护

5．携带以下哪类常见物质不可以靠近核磁设备？（　）

A．硬币　　B．手机

C．手表　　D．金银首饰

6．以下哪类患者不可以靠近核磁设备？（　）。

A．植入心脏起搏器的患者　　B．体内有金属支架的患者

C．糖尿病患者　　D．乙肝患者

7．核磁设备发生失超时会有大量液氮和液氦泄漏进入空气中，以下紧急应对手段错误的是（　）。

A．及时离开核磁房间，并通知相关人员　B．为了出成果，继续做实验

C．原地等待，直至工作人员通知　　D．离开时尽量弯腰贴地离开

8．2007 年，ICRP 第 103 号出版物《国际放射防护委员会 2007 建议书》把所有照射区分为（　）三类。

A．应急照射　　B．计划照射
C．干预照射　　D．既存照射
9．辐射防护体系（辐射防护基本原则）包括（　）。
A．辐射实践正当比　　B．辐射防护与安全的最优化
C．减少工作时间和对放射源进行屏蔽　　D．个人剂量限量和剂量约束限量
10．外照射的主要防护方式是（　）。
A．时间防护　　B．距离防护
C．屏蔽防护　　D．剂量约束防护

三、判断题

1．放射性废物，经过屏蔽处理后可以当作一般垃圾处理。（　）
2．核衰变是原子核自发产生的变化，放射性衰变服从指数规律。（　）
3．可以用眼睛近距离直观放射源。（　）
4．可以用手触摸放射源表面。（　）
5．实验过程暂时不使用的放射源不能随便放置，必须放置在专门的防护区域内。（　）
6．一定剂量电离辐射会对人体造成损伤，应采取措施进行防护。（　）
7．未经环保部门批准，不得擅自进口、转让放射性同位素。（　）
8．只要有辐射许可证，可以不管其规定的范围从事放射性同位素和射线装置生产、销售、使用活动。（　）
9．涉源单位产生放射性废源废物可以直接排入下水道或混装到普通垃圾中。（　）
10．当皮肤受到放射源微量污染时，可用肥皂、软毛刷、温水洗刷，到降至污染控制水平以下为止；如果皮肤严重污染，应立即用肥皂、软毛刷清洗，然后根据核素的性质选择合适的去污剂。（　）
11．《电离辐射防护与辐射源安全基本标准》（GB 18871—2002）也适用于非电离辐射如紫外线等对人员可能造成的危害的防护。（　）
12．放射性实验室允许带与实验无关的人员进实验室。（　）
13．放射源实验结束，要关好电源，整理好仪器设备，并且向专业机构交还放射源，并用剂量率仪进行巡视。（　）
14．我国正在执行的《放射性同位素与射线装置安全和防护条例》是中华人民共和国国务院令第 449 号。（　）
15．在中华人民共和国境内生产、销售、使用放射性同位素与射线装置的单位，应当依照国家的法律法规，取得《辐射安全许可证》。（　）
16．《电离辐射防护与辐射源安全基本标准》（GB 18871—2002）的全部技术内容均为

强制性的国家标准。（ ）

17．有关放射性核素的实验操作必须在指定的同位素实验室进行。（ ）

18．样品测试人员可以携带手机靠近核磁磁体。（ ）

19．含放射性物质操作的实验不得在普通教学实验室开展。（ ）

20．放射性同位素应单独存放，不得与易燃、易爆、腐蚀性物品等一起存放，并采取有效的防火、防盗、防射线泄漏的安全措施，指定专人负责保管。（ ）

21．在批准使用放射性核素之前，必须取得放射性培训合格资质。实行持证上岗制度，并佩戴个人专用的辐射剂量计。（ ）

22．放射性实验室管理人员有权拒绝未经培训或培训不合格的学生进入实验室工作，但职工除外。（ ）

23．实验过程暂时不用的放射源不能随便放置，要放在指定的有防护的区域内。（ ）

参考答案

一、单选题

1. C　2. D　3. D　4. D　5. B　6. A　7. B　8. C　9. D　10. D　11. B　12. D 13. C　14. D　15. D　16. B　17. C　18. C　19. B　20. C　21. B　22. C　23. B　24. C

二、多选题

1. ABC　2. AB　3. ABCD　4. ABD　5. ABCD　6. AB　7. BC　8. ABD　9. ABD　10. ABC

三、判断题

1. 错，放射性废物经过屏蔽处理后也不可以当作一般垃圾处理，应统一回收，找专业公司处理

2. 对

3. 错，不可以用眼睛近距离直观放射源，以免损伤眼睛

4. 错，不可以用手触摸放射源表面，以免造成损伤

5. 对　　6. 对　　7. 对

8. 错，有辐射许可证也应该在其规定的范围从事放射性同位素和射线装置生产、销售、使用活动

9. 错，放射性废源废物应统一回收，找专业公司处理

10. 对

11. 错，该标准不适用非电离辐射对人员可能造成的危害的防护

12. 错，不允许带与实验无关的人员进放射性实验室

13. 对　　14. 对　　15. 对　　16. 对　　17. 对

18. 错，不可以携带手机靠近核磁磁体

19. 对　　20. 对　　21. 对

22. 错，职工也须培训合格后方可进入实验室

23. 对